UTB **2581**

Eine Arbeitsgemeinschaft der Verlage

Beltz Verlag Weinheim · Basel
Böhlau Verlag Köln · Weimar · Wien
Wilhelm Fink Verlag München
A. Francke Verlag Tübingen und Basel
Haupt Verlag Bern · Stuttgart · Wien
Lucius & Lucius Verlagsgesellschaft Stuttgart
Mohr Siebeck Tübingen
C. F. Müller Verlag Heidelberg
Ernst Reinhardt Verlag München und Basel
Ferdinand Schöningh Verlag Paderborn · München · Wien · Zürich
Eugen Ulmer Verlag Stuttgart
UVK Verlagsgesellschaft Konstanz
Vandenhoeck & Ruprecht Göttingen
Verlag Recht und Wirtschaft Heidelberg
VS Verlag für Sozialwissenschaften Wiesbaden
WUV Facultas Wien

Annette Reineke

Gentechnik
Grundlagen, Methoden und Anwendungen

61 Abbildungen
 5 Tabellen
11 Methodenboxen

Verlag Eugen Ulmer Stuttgart

Anschrift der Autorin:
Dr. Annette Reineke
Institut für Phytomedizin
Universität Hohenheim
Otto-Sander-Str. 5
70599 Stuttgart

Bibliografische Information der Deutschen Bibliothek

Die Deutsche Bibliothek verzeichnet diese Publikation in der Deutschen Nationalbibliografie; detaillierte bibliografische Daten sind im Internet über http://dnb.ddb.de abrufbar.

ISBN 3-8252-2581-X (UTB)
ISBN 3-8001-2834-9

© 2004 Verlag Eugen Ulmer GmbH & Co.,
Wollgrasweg 41, 70599 Stuttgart (Hohenheim)
Internet: www.ulmer.de
Lektorat: Dr. Nadja Kneissler, Dr. Katharina Munk
Satz: Wissenschaftliche PublikationsTechnik Kernstock, Kirchheim unter Teck
Druck: Gutmann Offsetdruck, Talheim
Bindung: Dollinger, Metzingen

ISBN 3-8252-2581-X (UTB-Bestellnummer)

Vorwort

„Biotechnologie und Molekularbiologie sind spannende und zukunftsweisende Forschungsbereiche, aber mit welchem Buch kann ich einen Einstieg in diese komplexe und schwer zugängliche Materie finden?" Mit ähnlichen Fragen haben sich immer wieder Studenten, Praktikanten, aber auch Doktoranden v. a. der Fachrichtungen Agrarwissenschaften und Agrarbiologie an mich gewandt, die großes Interesse an der Anwendung biotechnologischer Methoden zeigten, denen aber im Rahmen von Studium oder Ausbildung nur oberflächliche Kenntnisse in diesem Themengebiet vermittelt worden waren.

Natürlich gibt es eine Vielzahl von umfangreichen Genetik-Lehrbüchern sowie speziellen Werken zu bestimmten gentechnischen Methoden, die allerdings gemeinsamer Verwendung bedürfen. Überschauliche, dünne – und damit nicht zuletzt auch preiswerte – deutschsprachige Kompendien zu dieser Thematik sind jedoch Mangelware.

Deshalb soll mit dem vorliegenden Lehrbuch der Versuch unternommen werden, in kurzer Übersicht sowohl die wesentlichen genetischen Grundlagen und Zusammenhänge verständlich zu präsentieren als auch praxisbezogen die derzeit gängigen molekularbiologischen „Kochrezepte" vorzustellen und damit den Themenkomplex Biotechnologie-Molekularbiologie der oben genannten Leserschaft in hoffentlich schmackhafter und verdaulicher Form aufzutischen.

Ein ganz besonderer Dank gilt Herrn Dr. Gerhard Kubach für seine geduldige Diskussionsbereitschaft und wertvolle Korrekturarbeit! Ebenfalls herzlich danken möchte ich Frau Beate Breitinger für Durchsicht und Korrektur des Manuskripts, Frau Sabine Seifert für die Anfertigung der Abbildungen sowie dem Verlag Eugen Ulmer – und hier insbesondere Frau Dr. Nadja Kneissler – für die gute Zusammenarbeit.

Stuttgart, im März 2004   Annette Reineke

Inhaltsverzeichnis

Teil I
Grundlagen der Molekularbiologie

1 Aufbau und Eigenschaften von Nukleinsäuren

1.1 Nukleotide als Bausteine von Nukleinsäuren

Im Mittelpunkt aller gentechnischen und molekularbiologischen Experimente stehen die Nukleinsäuren, die Träger der Erbinformation.

In fast jedem Organismus kommen zwei verschiedene Arten von Nukleinsäuren vor: **Desoxyribonukleinsäure** (engl.: deoxyribonucleic acid) und **Ribonukleinsäure** (engl.: ribonucleic acid), mit den Abkürzungen DNA und RNA (bzw. DNS und RNS in der deutschen, heute allerdings kaum mehr üblichen Bezeichnung). Nukleinsäuren sind lange Ketten aus einzelnen **Nukleotiden**, die sich jeweils aus drei Komponenten zusammensetzen, einem Zucker, einer Phosphatgruppe und einer Base (Abbildung 1.1).

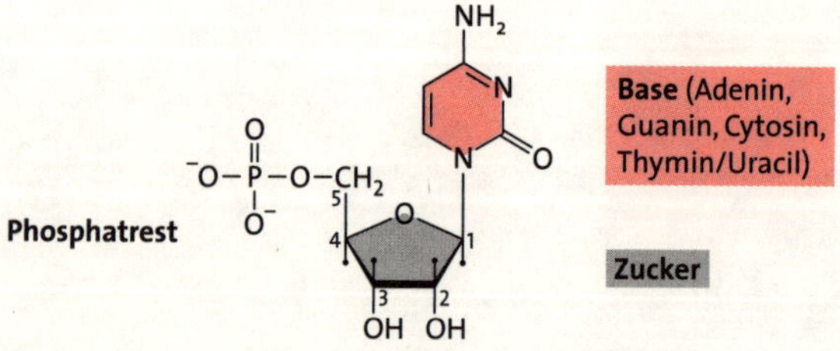

Abb. 1.1.
Bausteine eines Nukleotids. Jedes Nukleotid besteht aus einem Zucker, einer Phosphatgruppe und einer Base.

Base (Adenin, Guanin, Cytosin, Thymin/Uracil)

Phosphatrest

Zucker

Bei dem **Zucker** handelt es sich um eine Pentose (griech.: penta, fünf): Er besteht aus fünf C-Atomen und kommt in zwei verschiedenen Formen in Nukleinsäuren vor, als **Ribose** in RNA und als **Desoxyribose** in DNA. Die Ribose der RNA trägt am 2. C-Atom eine OH-Gruppe, während wir bei Desoxyribose der DNA hier nur ein H-Atom finden.

An das 5. C-Atom der Zuckermoleküle ist über eine Ester-bindung eine **Phosphatgruppe** gebunden, die aus einem, zwei oder drei Phosphatresten bestehen kann. Entsprechend finden wir die Bezeichnung Mono-, Di- oder Triphosphate. Der Phosphatrest verleiht dem Nukleotid eine wichtige Eigenschaft, die wir uns beim späteren Arbeiten mit Nukleinsäuren zu Nutze machen werden: Er trägt eine negative Ladung – und damit sind auch DNA und RNA immer negativ geladen.

Der dritte und charakterisierende Bestandteil eines Nukleotids sind schließlich die **Basen**. Sie sind über eine N-Glykosidbindung an das 1. C-Atom des Zuckers gebunden und werden je nach ihrer chemischen Struktur zwei Gruppen zugeordnet: den **Pyrimidinen** und den **Purinen**. Das sind stickstoffhaltige Ringstrukturen, wobei die Pyrimidine aus einem einfachen Sechser-Ring, die Purine aus einem Fünfer- und einem Sechser-Ring bestehen. Als Bestandteile der Nukleotide treten die drei Pyrimidinbasen **Cytosin, Thymin** und **Uracil** auf, während zwei weitere Basen, **Adenin** und **Guanin,** der Gruppe der Purine angehören (Abbildung 1.2). DNA und RNA unterscheiden sich auch hier wieder: Bei der DNA finden wir die vier Basen Adenin, Guanin, Cytosin und Thymin, bei der RNA ist das Thymin durch **Uracil** ersetzt. Die Bezeichnung eines Nukleotids richtet sich dabei nach der jeweiligen Base, das es trägt: So werden die Nukleotide als Adenosin, Guanosin, Cytidin, Thymidin und Uridin bezeichnet und mit A, G, C, T und U abgekürzt.

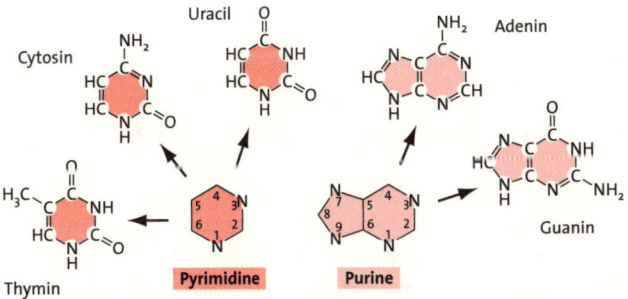

Abb. 1.2.
Chemische Struktur der Basen. Thymin, Uracil und Cytosin sind Pyrimidinbasen, Adenin und Guanin gehören zu den Purinbasen (nach ALBERTS et al. 1994).

Nukleinsäuren entstehen nun durch die kettenförmige Verknüpfung solcher Nukleotide. Dabei erfolgt diese immer in einer bestimmten „Laufrichtung", wobei an das 3. C-Atom des Zuckers eines bereits vorhandenen Nukleotidstranges über eine Phosphodiesterbindung der Phosphatrest eines weiteren Nukleotids gebunden wird. Kurz gesagt wird also eine Esterbindung zwischen dem 5. C-Atom des Zuckers von Nukleotid 1 und dem 3. C-Atom des Zuckers von Nukleotid 2 gebildet (Abbildung 1.3). Betrachten wir nun eine ganze Kette von solchen verknüpften Nukleotiden: Es wird deutlich, dass eines der beiden Enden mit einem Phosphatrest am 5. C-Atom anfängt, während sich am anderen Ende eine freie OH-Gruppe am 3. C-Atom befindet. Wir bezeichnen diese beiden Enden daher auch als das **5'-Ende** bzw. das **3'-Ende** des Nukleinsäure-Stranges. Die fortlaufende Reihenfolge der vier Basen Adenin, Guanin, Cytosin und Thymin bzw. Uracil in der Nukleotidkette der DNA bzw. RNA in der Leserichtung – der Konvention folgend immer in 5'→ 3'-Richtung – wird auch als **Basensequenz** bezeichnet. Die Basensequenz im Beispiel der Abbildung 1.3 wäre demnach 5'-GCTA-3'.

Abb. 1.3.
Verknüpfung einzelner Nukleotide zu einem Nukleinsäure-Strang. Zwei Nukleotide werden über eine Phosphodiesterbindung zwischen dem 5. C-Atom des Zuckers (5'-Kopplung) von Nukleotid 1 und dem 3. C-Atom des Zuckers (3'-Kopplung) von Nukleotid 2 miteinander verknüpft (nach Alberts et al. 1994).

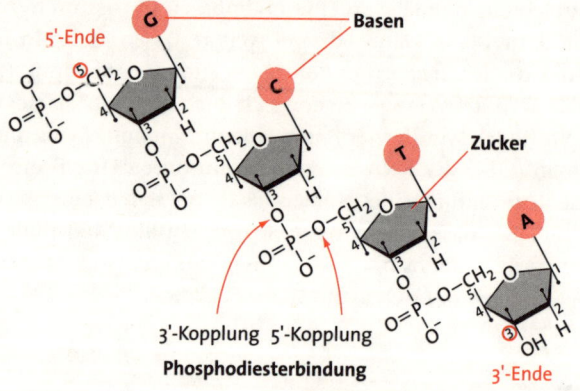

1.2 Bestandteile und Struktur der DNA

Die DNA liegt in der Zelle nur zu bestimmten Zeitpunkten (→ *Kapitel 2.1*) einzelsträngig vor, ansonsten immer in Form eines DNA-Doppelstranges. Dieser entsteht, indem sich zwischen den Basen eines Stranges und denen eines anderen Wasserstoffbrückenbindungen bilden (Abbildung 1.4). Dabei lagert sich Adenin an Thymin und Guanin an Cytosin an, wobei man hier von **komplementärer Basenpaarung** spricht. Das hat zur Folge, dass in einem DNA-Doppelstrang immer gleich viel Adenin wie Thymin und Guanin wie Cytosin eingebaut ist (Molverhältnisse G : C = 1 : 1; A : T = 1 : 1). Weiterhin ist die Anzahl der Purinbasen gleich der Anzahl der Pyrimidinbasen (A + G = C + T). Diese von Erwin Chargaff verfassten **Chargaff-Regeln** werden in der Praxis dahingehend genutzt, dass man die vollständige prozentuale Basenzusammensetzung einer DNA bestimmen kann, auch wenn der Prozentgehalt von nur einer Base bekannt ist.

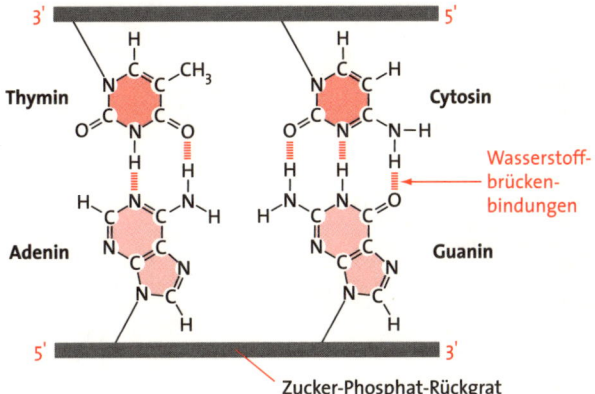

Betrachtet man Abbildung 1.4 genauer, fällt ein weiteres wichtiges Kennzeichen der Wasserstoffbrückenbildung auf: Zwischen Adenin und Thymin werden nur zwei, zwischen Guanin und Cytosin aber drei Wasserstoffbrücken ausgebildet. Dies hat zur Konsequenz, dass zwischen G und C eine stabilere Bindung besteht als zwischen A und T.

Haben sich nun die komplementären Basen zweier DNA-Einzelstränge vollständig mittels dieser Wasserstoffbrücken gepaart, so bleibt das entstandene zweisträngige „Band" nicht einfach in der Ebene liegen, sondern wird weiter raumfüllend schraubenartig verdreht. Man bezeichnet diese Struktur des DNA-Doppelstrangs als **Doppelhelix**. Sie wird durch das „Watson-Crick-Modell der DNA" illustriert und ist zu einem bedeutenden Meilenstein der modernen Molekularbiologie geworden. Dabei stützt sich die Modellentwicklung durch James Watson und Francis Crick im Jahr 1953 in hohem Maße auf die von Rosalind Franklin und Maurice Wilkins gelieferten Röntgendaten.

Diese DNA-Doppelhelix hat folgende wichtige Eigenschaften (Abbildung 1.5):

- Die beiden Einzelstränge sind **antiparallel** (= gegenläufig) orientiert, d. h. neben dem 5'-Ende des einen Stranges liegt das 3'-Ende des anderen.
- Beide Stränge sind nach rechts schraubenartig um eine (gedachte) Längsachse gewunden, wobei jeweils 10 Nukleotidpaare eine Windung (diese ist 3,4 nm lang) bilden.

Abb. 1.4.
Die komplementäre Basenpaarung. Zwischen den Basen Adenin und Thymin bzw. Guanin und Cytosin bilden sich zwei bzw. drei Wasserstoffbrückenbindungen aus (nach Alberts et al. 1994).

- Die durch Wasserstoffbrückenbindungen verknüpften Basen sind nach innen gerichtet, während Zucker und Phosphatrest außen liegen und das so genannte **Zucker-Phosphat-Rückgrat** der DNA bilden.
- Die vertikalen Abstände zwischen den beiden DNA-Einzelsträngen sind nicht gleich groß, es wird abwechselnd eine „kleine" und eine „große" Furche gebildet.

Abb. 1.5.
Struktur der DNA-Doppelhelix. Die DNA besteht aus zwei schraubig ineinander verdrehten und über Wasserstoffbrückenbindungen miteinander verbundenen komplementären DNA-Einzelsträngen mit gegenläufiger Polarität (nach ALBERTS et al. 1994).

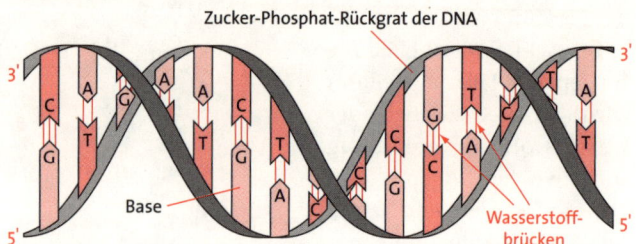

Die komplementäre Basenpaarung macht man sich für viele der in den folgenden Kapiteln aufgeführten molekularbiologischen Techniken zu Nutze, denn aus der Basenabfolge des eines Stranges kann immer die des anderen bestimmt werden, da der eine Strang die genaue negative Vorlage für den anderen darstellt. Folgende kurze DNA-Sequenz soll dies verdeutlichen: Hat der erste Strang die Basenabfolge 5'-AGCTTAACGT-3', so hat der komplementäre Strang demnach die Basensequenz: **3'-TCGAATTGCA-5'**.

Kann nun die Ausbildung eines DNA-Doppelstranges wieder rückgängig gemacht werden, d.h. kann dieser ohne Beschädigung wieder in seine zwei Einzelstränge zerlegt werden? Tatsächlich ist es so, dass die Wasserstoffbrückenbindungen zwischen zwei komplementären Basen durch die Einwirkung von Hitze oder alkalischen Lösungen leicht wieder aufgebrochen werden können. Man bezeichnet dies als **Denaturierung der DNA**. Erfolgt die Denaturierung der DNA durch Hitze, so ergeben sich je nach der Basenzusammensetzung unterschiedliche Schmelztemperaturen: Je höher der Gehalt an Guanin und Cytosin **(der GC-Gehalt)**, desto höher ist die Schmelztemperatur der betreffenden DNA, da – wie zuvor beschrieben – zwischen diesen zwei Basen eine stabilere Bindung ausgebildet ist als zwischen Adenin und Thymin. Auch bei der Denaturierung handelt es sich um einen reversiblen Prozess. Wird die Temperatur oder

der pH-Wert (langsam!) wieder gesenkt, so können sich die beiden Einzelstränge korrekt zu einem DNA-Doppelstrang zusammenfügen, wobei man hier von der **Renaturierung** der DNA spricht.

1.3 Verpackung der DNA in Chromosomen

Uns interessiert nun, in welcher Form die DNA in einer Zelle vorliegt. Hier müssen wir uns zunächst einmal den gewaltigen Informationsgehalt vor Augen führen, den die DNA beinhalten muss. Nehmen wir die menschliche DNA als Beispiel, so besteht diese aus etwa 6 Milliarden (= 6×10^9) Basenpaaren (bp), was bedeutet, dass die DNA ausgestreckt eine Länge von ungefähr zwei Metern erreichen würde – dabei ist dieser DNA-Strang in einen winzigen Zellkern mit einer Größe von nur etwa 10 μm „gepackt"! Damit das möglich wird, muss die DNA also eine besonders Platz sparende und gleichzeitig stabile Form annehmen.

Hierfür windet sich die DNA-Doppelhelix in regelmäßigen Abständen um bestimmte Proteinpartikel und wird so weiter aufgeschraubt. Diese wie Perlen auf einer Kette angeordneten Organisationseinheiten werden **Nucleosomen** genannt und bestehen neben dem entsprechenden DNA-Abschnitt aus fünf verschiedenen basischen Proteinen, den **Histonen** H1, H2A, H2B, H3 und H4 (Abbildung 1.6). Die Histone H2A, H2B, H3 und H4 kommen jeweils doppelt vor und bilden das Zentrum des Nucleosoms („Core"), um das der DNA-Doppelstrang in einer 1¾-Drehung herumgewunden ist. Einzig das Histon H1 ist nicht in das Nucleosom-Zentrum eingeschlossen, es lagert sich vielmehr von außen an den Nucleosom-DNA-Komplex an und hält ihn wie eine „Büroklammer" zusammen. Den so gebildeten Komplex aus doppelsträngiger DNA und Proteinen, wobei neben den Histonen noch weitere chromosomale Proteine vorkommen, nennt man **Chromatin**.

Darüber hinaus können mehrere – jeweils mit einem Nucleosom verbundene – H1-Histone miteinander interagieren und ermöglichen so zusammen mit anderen Gerüstproteinen ein weiteres Aufwinden des DNA-Proteinkomplexes bis hin zu maximaler Verdichtung. In diesem Zustand können wir die DNA als Chromosomen auch im Lichtmikroskop erkennen (Abbildung 1.7).

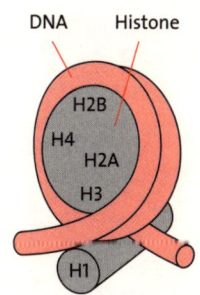

DNA   Histone

H2B
H4
H2A
H3
H1

Abb. 1.6.
Aufbau eines Nucleosoms. Vier verschiedene Histone bilden das Zentrum eines Nucleosoms, um das sich die DNA herumwindet. Das Histon H1 lagert sich von außen an diesen Komplex an (nach SINGER & BERG 1992).

Abb. 1.7.
Verpackung der DNA in Chromosomen. Stark verdichtete Chromosomen entstehen, indem sich die DNA-Doppelhelix um einzelne Nucleosome windet, die sich weiter miteinander verdrehen und auffalten (nach LINDER 1998).

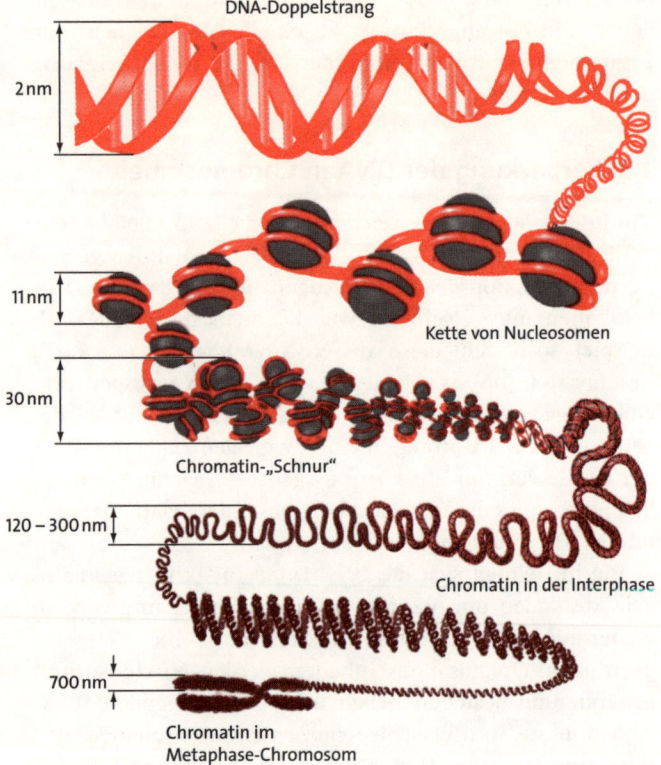

DNA-Doppelstrang

2 nm

11 nm

Kette von Nucleosomen

30 nm

Chromatin-„Schnur"

120 – 300 nm

Chromatin in der Interphase

700 nm

Chromatin im
Metaphase-Chromosom

Nun haben wir also „durch die Hintertür" auch noch den Begriff des **Chromosoms** eingeführt, faden-, häufig x-förmige Gebilde, welche die genetische Information tragen. Ein Chromosom besteht also aus Chromatin, welches damit auch die zwei Spalthälften eines Chromosoms, die so genannten **Chromatiden,** des Metaphasekerns (→ *Kapitel 2.1*) aufbaut (Abbildung 1.8). Beide Chromatiden sind an einer „Einschnürung", dem **Centromer,** miteinander verbunden, wobei dessen Position jedem Chromosom ein typisches Aussehen verleiht. Betrachten wir die Größe der Chromosomen sowie ihr spezifisches und uns von mikroskopischen Bildern bekanntes „Bandenmuster" – es entsteht durch Anfärben der Chromosomen mit speziellen Farbstoffen und darf nicht mit dem Bandenmuster nach einer Gelelektrophorese (→ *Kapitel 6*) verwechselt werden –, so können wir die Chromosomen nach Größe und Gestalt ordnen: Diese Darstellung wird **Karyotyp** genannt. Eine weitere charakteristische Region mit wichtiger Funktion im Zellgeschehen finden wir an beiden Enden eines jeden Chromosoms: das **Telomer.**

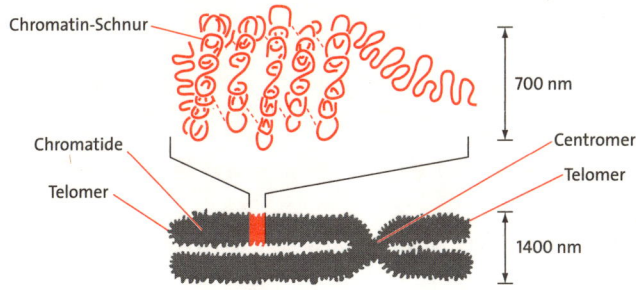

Chromatin-Schnur

700 nm

Chromatide

Centromer

Telomer

Telomer

1400 nm

Abb. 1.8.
Aufbau eines Chromosoms. Ein Chromosom besteht aus zwei Chromatiden, die am Centromer miteinander verbunden sind.

1.4 Bestandteile, Struktur und Formen der RNA

Die Ribonukleinsäure ist im Prinzip gleich gebaut wie die DNA. Wichtige Unterscheidungsmerkmale zur DNA wurden bereits angesprochen (→ *Kapitel 1.1*), sollen hier aber nochmals kurz zusammengefasst werden:

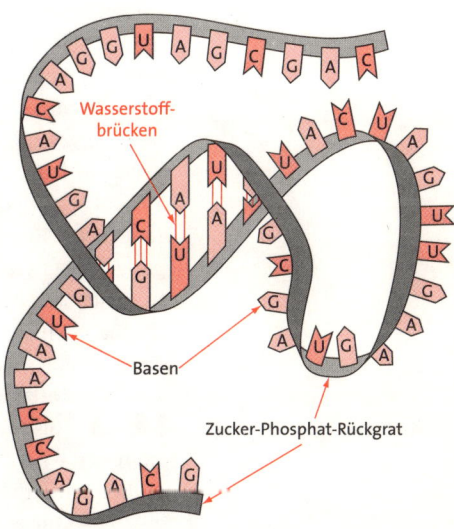

Wasserstoff-brücken

Basen

Zucker-Phosphat-Rückgrat

- RNA besitzt als Zucker eine Ribose, DNA eine Desoxyribose;
- in der RNA ersetzt Uracil das Thymin der DNA, alle anderen Basen sind gleich;
- RNA besteht in der Regel nur aus einem Einzelstrang, DNA aus einem Doppelstrang.

Der letzte Punkt bedarf noch eines kurzen Zusatzes: Zwar liegt RNA grundsätzlich einzelsträngig vor, es können sich aber innerhalb des Stranges „Schleifen" ausbilden, bei denen es ebenfalls zu komplementären Basenpaarungen kommt (Abbildung 1.9). Guanin paart mit Cytosin, Adenin in diesem Fall mit Uracil.

Abb. 1.9.
Struktur der RNA. Innerhalb des RNA-Einzelstranges kann es über komplementäre Basenpaarung zur Ausbildung von „Schleifen" kommen (nach ALBERTS et al. 1994).

Insgesamt kommen in einer Zelle drei verschiedene RNA-Arten – mRNA, tRNA und rRNA – vor, die alle wichtige Aufgaben bei der Proteinbiosynthese übernehmen. Wir wollen uns daher erst zu einem späteren Zeitpunkt (→ *Kapitel 3.1* und *3.3*) näher mit ihnen beschäftigen.

2 Prinzipien der Informationsweitergabe

2.1 Zellzyklus und Ablauf der Mitose

Wenn ein Organismus durch Zellvermehrung wächst oder abgestorbene Zellen durch neue ersetzen muss, so sind hierfür Zellteilungen erforderlich. Dabei ist es von großer Wichtigkeit, dass die Erbinformation jeder Zelle, die in Form mehrerer Chromosomen im Zellkern vorliegt, gleichmäßig und zugleich vollständig auf die beiden neu entstehenden Tochterzellen verteilt wird. Daraus ergeben sich zwei wichtige Phasen, die eine sich teilende Zelle durchlaufen muss: die eigentliche Zellteilung mit der Verteilung der Chromatiden jedes Chromosoms auf die Tochterzellen **(Mitose, M-Phase)** sowie die sich daran anschließende Wiederverdoppelung der Erbinformation in den Tochterzellen **(S-Phase,** Replikationsphase). Zwischen diesen beiden Vorgängen liegt jeweils eine **G-Phase** (G für engl.: gap = Lücke), in denen keine Zellteilung oder DNA-Synthese stattfindet, und die man sich als einen Zustand „äußerer Ruhe" vorstellen kann. Diese Abfolge von Mitose, G1-Phase, S-Phase und G2-Phase wird als **Zellzyklus** bezeichnet. Den Zeitraum zwischen zwei Mitosen – also G1-Phase, S-Phase und G2-Phase zusammengenommen – nennt man auch **Interphase** (Abbildung 2.1).

Betrachten wir die beiden wichtigeren Abschnitte eines Zellzyklus – Mitose und S-Phase – nun genauer: Die **Mitose** wird ihrerseits in vier Phasen eingeteilt, in Pro-, Meta-, Ana- und Telophase.

In der **Prophase** zieht sich das bis dahin locker vorliegende Chromatin zu den „fädigen" Chromosomen durch schraubige Aufrollung (→ *Kapitel 1.3*) zusammen. Dann bilden sich an den beiden Polen der Zelle so genannte Kernteilungsspindeln (auch Spindelapparat genannt) aus und die Kernmembran löst sich auf.

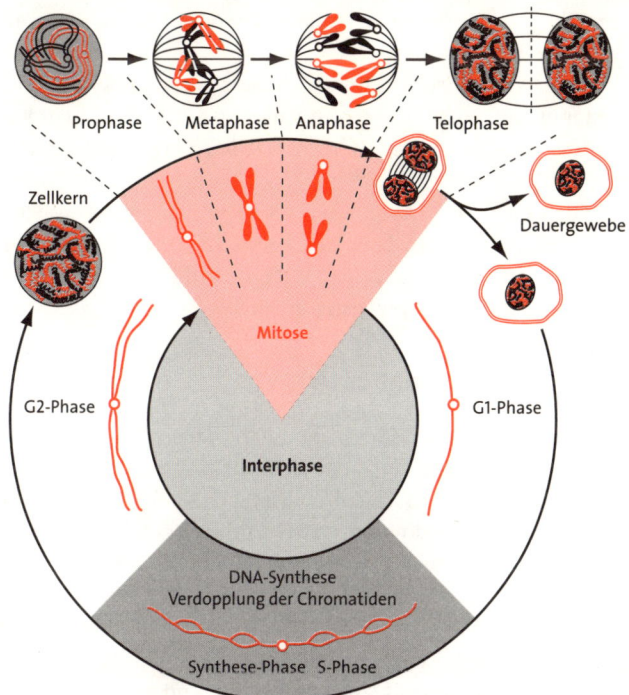

Prophase   Metaphase   Anaphase   Telophase

Zellkern

Dauergewebe

Mitose

G2-Phase   G1-Phase

Interphase

DNA-Synthese
Verdopplung der Chromatiden

Synthese-Phase S-Phase

Abb. 2.1.
Der Zellzyklus. Ein Zellzyklus besteht aus den vier Phasen Mitose, G1-, S- und G2-Phase (nach LINDER 1998).

Während der **Metaphase** werden die Chromosomen weiter maximal verdichtet. Sie ordnen sich anschließend in einer Ebene (Äquatorialebene) zwischen den beiden Polen der Zelle an und Spindelfasern heften sich von jedem Pol der Zelle an die Centromere der Chromosomen an.

In der **Anaphase** werden nun die beiden Chromatiden eines jeden Chromosoms voneinander getrennt, dies geschieht indem sich die Spindelfasern verkürzen und so jeweils eine Chromatide zu einem der beiden Zellpole ziehen. Anschließend werden die Spindelfasern wieder abgebaut.

Im Verlauf der **Telophase** entschrauben sich die Chromatiden wieder und um sie herum wird eine Kernmembran gebildet. Schließlich kommt es zur Zellteilung durch Einschnürung der Zelle in der Äquatorialebene und Ausbildung von zwei neuen Zellmembranen.

Am Ende der Mitose sind also zwei neue Zellen entstanden, von denen jede jeweils eine Chromatide eines jeden Chromosoms erhalten hat. Durch diesen Vorgang ist sichergestellt, dass beide Tochterzellen dasselbe Erbgut wie ihre Mutterzelle beinhalten.

Nach Vermehrung von Zellplasma und anderen Zellbestandteilen müssen sich nun nur noch die Chromatiden in den neu entstandenen Tochterzellen verdoppeln, damit die Chromosomen wieder wie ursprünglich aus zwei Chromatiden bestehen (Abbildung 1.8). Die dafür erforderliche Synthese neuer DNA bzw. die identische Verdoppelung der Erbinformation erfolgt in der S-Phase, auf die im folgenden Kapitel ausführlich eingegangen wird.

2.2 Replikation der DNA

Bei der sich an die Mitose anschließenden DNA-Replikation verdoppelt (repliziert) jede Zelle ihr gesamtes Erbgut. Bei menschlichen Zellen beispielsweise bedeutet dies, dass 46 Chromosomen verdoppelt werden müssen. Jede menschliche Körperzelle ist mit einem doppelten Chromosomensatz ausgestattet (sie ist **diploid,** hier $2 \times 23 = 46$), wobei der eine Chromosomensatz ursprünglich der väterlichen, der andere der mütterlichen Keimzelle entstammt. Von diesen 46 Chromosomen sind jeweils zwei in Größe und Gestalt gleich, man bezeichnet diese Chromosomen-Paare daher auch als **homologe Chromosomen.**

Nach der Mitose bestehen die 46 Chromosomen der beiden neu entstandenen Tochterzellen aus jeweils einer Chromatide, die aus doppelsträngiger DNA und Proteinen besteht ($\rightarrow$ *Kapitel 1.3* und *2.1*). Der Vorgang der Replikation dieses genetischen Materials muss nun äußerst exakt erfolgen, schon der kleinste Fehler in der Basensequenz kann schwerwiegende Folgen für den Organismus mit sich bringen. Um dies zu gewährleisten, dient jeder der beiden Stränge des Ausgangs-DNA-Doppelstranges als Vorlage (Matrize) für die Synthese eines Komplementärstrangs. Dies bedeutet, dass jeweils ein Einzelstrang des ursprünglichen DNA-Doppelstranges in den beiden neu entstehenden DNA-Doppelsträngen wiedergefunden werden kann – man bezeichnet diesen Vorgang als **semikonservative Replikation.** Dieser Ablauf ist übrigens anhand des Bakteriums *Escherichia coli* (kurz: *E. coli*), durch Markierung der Ausgangs-DNA mit radioaktiven Isotopen, geklärt worden.

Ansonsten ist die DNA-Replikation ein rasch verlaufender, sehr komplexer Vorgang, der nachfolgend etwas vereinfacht dargestellt wird. An ihr sind verschiedene Schlüsselenzyme beteiligt: Zunächst einmal muss die DNA-Doppelhelix entwunden vorliegen. Hierbei kommen **DNA-Topoisomerasen** zum Zuge, welche die DNA-Überspiralisierung beseitigen. An dem Entwinden der DNA sowie an der anschließenden Trennung der beiden Stränge sind außerdem noch **DNA-Helikasen** beteiligt; diese bewegen sich entlang eines DNA-Stranges und lösen die Wasserstoffbrücken zwischen den komplementären Basenpaaren. So werden die beiden DNA-Stränge also vergleichbar mit einem Reißverschluss voneinander getrennt; die Stelle, an der die beiden DNA-Stränge auseinander weichen, nennt man **Replikationsgabel** (Abbildung 2.2).

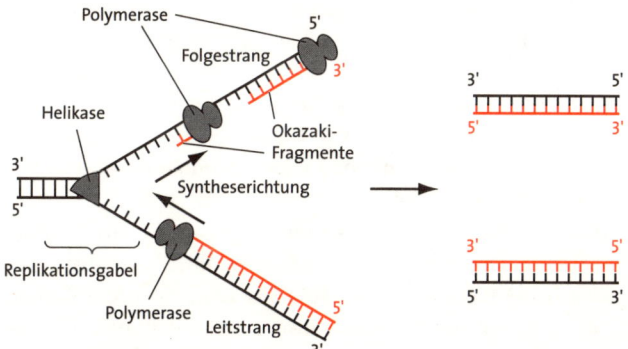

Abb. 2.2.
Replikationsschema der DNA. Während die DNA-Polymerase am Leitstrang kontinuierlich in 5'→ 3'-Richtung einen neuen Strang synthetisieren kann, entstehen am Folgestrang kurze Okazaki-Fragmente, die mit Hilfe der DNA-Ligase miteinander verknüpft werden müssen (nach REGENASS-KLOTZ 2000).

Nun können die wichtigsten Enzyme der DNA-Synthese, die **DNA-Polymerasen,** mit der eigentlichen Replikation beginnen: Die DNA-Polymerasen sind in der Lage, Nukleotide aneinander zu binden und zu langen Ketten zu verknüpfen. Da die Polymerasen die Synthese eines neuen DNA-Stranges allerdings nicht von selbst starten können, brauchen sie hierzu eine „Starthilfe", einen so genannten **Primer.** Er besteht aus einem kurzen Nukleinsäurestück (bestehend aus etwa 4–12 Nukleotiden) mit einer freien 3'-Hydroxyl-(OH-) Gruppe. Der Primer lagert sich nun dank Basenkomplementarität an den zu replizierenden DNA-Einzelstrang an, DNA-Polymerase bindet an den Primer und fügt an das 3'-OH-Ende entsprechend der Sequenz des Vorlage-Stranges die ersten Nukleotide an (diese „schwimmen" frei im Kernplasma der Zelle). Nach diesem kurzen Einsatz wird der Primer dann unter Mitwirkung einer weiteren DNA-Polymerase wieder entfernt.

Anschließend wachsen die beiden Stränge aufgrund ihrer antiparallelen Struktur in 5′→ 3′- bzw. in 3′→ 5′-Richtung weiter, wobei die DNA-Polymerase allerdings nur in einer Syntheserichtung, der 5′→ 3′-Richtung des neu zu bildenden Stranges, arbeiten kann. Wie können dann aber die beiden antiparallel verlaufenden DNA-Stränge gleichzeitig synthetisiert werden? Während die Synthese des so genannten **Leitstranges** fortlaufend bzw. kontinuierlich in 5′→ 3′-Richtung erfolgt, ist beim hierzu antiparallelen **Folgestrang** nur eine diskontinuierliche Synthese möglich: Diese ist dadurch gekennzeichnet, dass zunächst kurze DNA-Fragmente gebildet werden, die man nach ihrem Entdecker **Okazaki-Fragmente** nennt. Demnach werden an diesem Strang, ebenfalls in 5′→ 3′-Richtung, viele kurze (bei Prokaryonten etwa 1000 bis 2000 Nukleotide, bei Eukaryonten 100 bis 200 Nukleotide lange) Fragmente entstehen, wobei die Synthese allerdings von der Replikationsgabel weglaufend erfolgt. Ein weiteres Enzym, die **DNA-Ligase** (→ *Kapitel 4.3*) ist nun nötig, um die so entstandenen Okazaki-Fragmente zu einem durchgehenden Strang zu verknüpfen.

Die Replikation der DNA erfolgt je nach Organismus unterschiedlich schnell. Bei Prokaryonten wurde eine **Replikationsrate** von etwa 1400 Basenpaaren pro Sekunde gemessen, während eukaryontische DNA-Polymerasen mit etwa 40 bis 50 Basenpaaren pro Sekunde sehr viel langsamer arbeiten. Wie ist es dann dennoch möglich, dass für die Replikation aller etwa 6 Milliarden Basenpaare einer menschlichen Zelle in Wirklichkeit nur ein paar Stunden benötigt werden? Tatsächlich erfolgt die Replikation der DNA von Eukaryonten gleichzeitig an vielen Stellen des DNA-Moleküls. Dadurch entstehen **„Replikationsblasen",** die immer größer werden und schließlich mit den benachbarten verschmelzen (Abbildung 2.3). Der Startpunkt der Replikation wird übrigens mit **„ori"** (als Abkürzung für das englische „origin", Ursprung) bezeichnet: Er ist durch bestimmte Struktureigenschaften und/oder spezifische Nukleotidsequenzen gekennzeichnet.

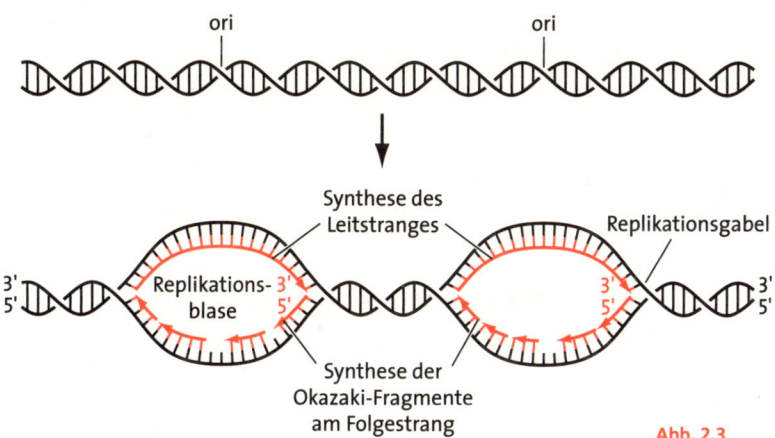

ori   ori

Synthese des
Leitstranges   Replikationsgabel

3'
5'   Replikations- 3'   3'   3'
            blase   5'   5'   5'

Synthese der
Okazaki-Fragmente
am Folgestrang

Abb. 2.3.
*Beginn der Replikation euka-
ryontischer DNA an vielen
Startpunkten. An mehreren
„oris" auf dem DNA-Molekül
entstehen gleichzeitig Replikationsblasen, die größer
werden und schließlich miteinander verschmelzen.*

2.3 Replikationsfehler und ihre Korrektur

Wie erwähnt, muss die Replikation der DNA äußerst exakt
erfolgen, da falsch eingebaute Nukleotide die Basensequenz
und damit die Erbsubstanz des jeweiligen Organismus verändern und gegebenenfalls fatale Schäden verursachen. Zwar
können zwischen „unpassenden" Basen keine Wasserstoffbrücken ausgebildet werden – grundsätzlich wäre ein Einbau
falscher Nukleotide aber dennoch denkbar.

Um eine weitgehend fehlerfreie Arbeit zu gewährleisten,
besitzt die DNA-Polymerase daher einen eigenen Korrektur-
mechanismus, nämlich eine eigene **3′→ 5′-Exonuklease-
Aktivität** (→ *Kapitel 4.4* und *Abbildung 4.6*). Wird während
der DNA-Synthese ein falsches Nukleotid in die neu entstandene Kette eingebaut, wird dies erkannt, der Prozess ge-
stoppt und das betreffende Nukleotid durch die Polymerase
selbst wieder entfernt. Dabei werden auch mehrere falsche
Nukleotide in 3′→ 5′-Richtung entfernt, bis dann wieder ein
basengepaartes Ende für die weitere Synthese zur Verfügung
steht. Die DNA-Polymerase ist also ein selbst-korrigierendes
Enzym, das die von ihr falsch eingebauten Basen erkennt,
wieder entfernt und durch korrekte ersetzt. Man bezeichnet
diese Fähigkeit auch als **Korrekturlesen (proofreading).**

3 Vom Gen zum Merkmal: Die Genexpression

In der Basensequenz der DNA (bei bestimmten Viren auch in der Basensequenz der RNA → *Kapitel 5.4*) sind alle notwendigen genetischen Informationen gespeichert, auf deren Grundlage sich ein lebensfähiger Organismus entwickeln kann. Einen DNA-Abschnitt, der die Information für ein funktionsfähiges RNA-Molekül trägt, das anschließend entweder als Vorlage für die Synthese eines Polypeptids bzw. Proteins dient oder selbst eine Funktion in der Zelle übernehmen kann, bezeichnet man als **Gen.** Die Gesamtzahl der Gene eines Organismus bzw. seiner Zellen nennen wir **Genom** – bei Eukaryonten ist dies der Chromosomensatz.

Es interessiert uns nun, wie diese im Zellkern vorliegende genetische Information realisiert wird – oder genauer gesagt, wie diese Abfolge aus Nukleotiden letztendlich in spezifische Stoffwechsel und Merkmal bestimmende Proteine umgesetzt wird. Und welche Rolle spielt dabei die andere in jeder Zelle vorkommende Nukleinsäure, die RNA? Diese Vorgänge – mit den wichtigen Schritten **Transkription** und **Translation** – sollen in den nächsten Abschnitten näher betrachtet werden.

3.1 Transkription

Die genetische Information ist in der Basensequenz der DNA verschlüsselt, die bei **Eukaryonten** (Organismen mit echtem Zellkern) im Zellkern lokalisiert ist, während sie bei **Prokaryonten** (Organismen ohne echtem Zellkern) frei im Cytoplasma liegt. Damit diese Information umgesetzt oder **exprimiert** werden kann, muss zunächst eine Übertragung der genetischen Information der DNA auf RNA stattfinden, wobei dieser Vorgang als **Transkription** bezeichnet wird. Der Vorgang der Transkription ist im Prinzip der DNA-Replikation (→ *Kapitel 2.2*) ähnlich – wieder kopiert ein Enzym, hier aber die **RNA-Polymerase,** die Nukleotidabfolge eines DNA-Matrizenstranges nach den Regeln der komplementären Basenpaarung. Beachten müssen wir, dass bei der RNA-Synthese statt Thymin nun Uracil eingebaut wird! Die RNA-Polymerase knüpft ein Nukleotid nach dem anderen jeweils an das 3'-OH-Ende der wachsenden RNA-Kette. Die RNA, die bei dieser Abschrift der Nukleotidabfolge der DNA entsteht, übernimmt z.B. als tRNA oder rRNA (→ *Kapitel 3.3*) nun selber Funktionen in der Zelle oder fungiert als „Bote". Diese Boten-RNA – als **Messenger-RNA (mRNA)** bezeichnet – transportiert die bei Eukaryonten im Zellkern lokalisierte DNA-Information zum Ort der Proteinbiosynthese, den Ribosomen im Cytoplasma (Abbildung 3.1).

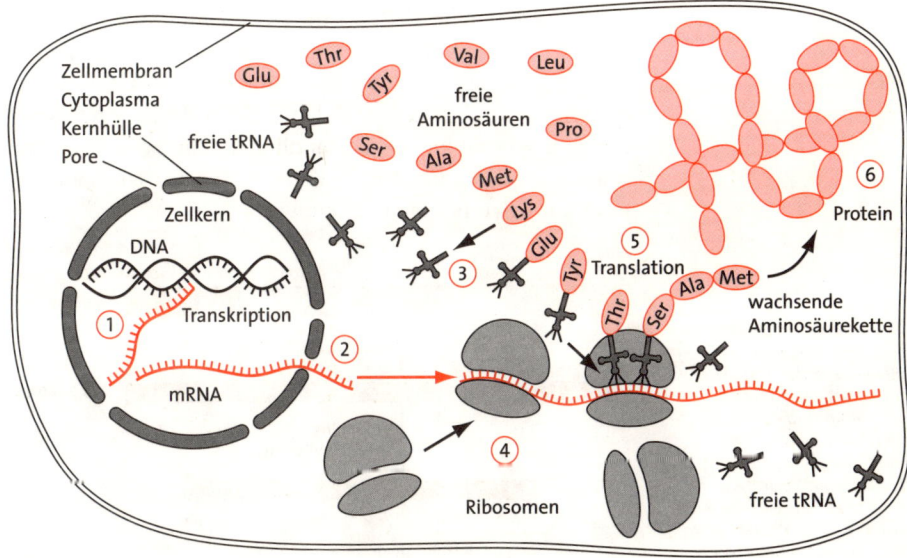

Die Synthese von RNA beginnt nun nicht wahllos irgendwo im Genom des Organismus, sondern an ganz definierten Stellen. Hierzu gibt es auf der DNA eine bestimmte Erkennungssequenz für die RNA-Polymerase, die man **Promotor** nennt. Dieser Promotor befindet sich am Beginn des eigent-

Abb. 3.1.
Übersichtsschema zum Ablauf der Proteinbiosynthese (nach Linder 1998).

lichen, zu transkribierenden Gens. Die RNA-Polymerase bindet an ihn und kann dann mit der Transkription beginnen. Promotoren markieren also den Startpunkt für das Umschreiben von DNA in RNA. Sie sind weiterhin Bindungsregionen für bestimmte Proteine, welche die Genexpression induzieren bzw. verhindern können; damit werden wir uns im Zusammenhang mit der Regulation der Genexpression (→ *Kapitel 3.5*) genauer befassen.

3.1.1 mRNA-Reifung bei Eukaryonten

Das nach der Transkription im Zellkern von Eukaryonten entstandene „primäre Transkript", **prä-mRNA** genannt, muss noch weiter modifiziert oder **prozessiert** werden, bevor es im nächsten Schritt der Proteinbiosynthese, der Translation, verwendet werden kann. Diese „Reifung" der prä-mRNA umfasst mehrere Teilschritte (Abbildung 3.2). Zuerst werden die beiden Enden der mRNA modifiziert: Das 5'-Ende erhält eine **5'-Cap** (mRNA-capping), wobei ein methyliertes Guanin an die 5'-terminale Base übertragen wird. An das 3'-Ende der prä-mRNA wird ein **Poly-A-Schwanz,** bestehend aus bis zu 200 Adenin-Nukleotiden, angehängt (Polyadenylierung). Beide Modifikationen bewirken eine erhöhte Stabilität der mRNA und sind für den Transport der mRNA ins Cytoplasma notwendig.

Abb. 3.2.
Der Vorgang des Spleißens und die Struktur „reifer" mRNA. Nach der Transkription erhält die prä-mRNA eine 5'-Cap und einen 3'-Poly-A-Schwanz. Weiterhin werden die Introns herausgespleißt und die Exons enzymatisch miteinander verknüpft. Das erste Exon „reifer" mRNA besitzt vor dem Start-Codon einen 5'-nicht-translatierten Bereich (5'-Leader-Sequenz), während im letzten Exon nach dem Stopp-Codon ein 3'-nicht-translatierter Bereich (3'-Trailer) zu finden ist.

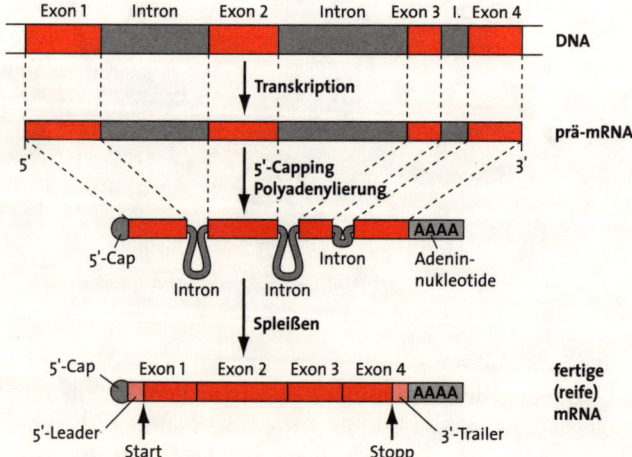

Ferner kommt es zum so genannten **Spleißen** (engl.: splicing) der prä-mRNA. Um diesen Vorgang zu verstehen, müssen wir zunächst auf eine Eigenart der molekularen Struktur eukaryontischer Gene zu sprechen kommen. Eukaryonten-Gene enthalten nämlich meist nicht fortlaufend genetische Information, sondern sind durch nicht-codierende Sequenzen unterbrochen. Dabei werden die codierenden Sequenzen als **Exons,** die nicht codierenden als **Introns** bezeichnet; letztere nennt man auch „Nonsens"- oder „Junk-Sequenzen". Nach der Transkription werden diese Introns aus der prä-mRNA „herausgespleißt" und entfernt. Während des Spleißvorganges bilden die Introns der prä-mRNA meist eine Schleifenstruktur (Lariat). In dieser Form werden sie herausgeschnitten und die Enden der beiden Exons enzymatisch verknüpft (Abbildung 3.2). Das Spleißen kann mit Hilfe eines Multienzymkomplexes (Spleißosom) oder komplexer Protein-RNA-Partikel (snRNPs, small nuclear ribonucleoprotein particles) sowie autokatalytisch im Selbstspleißen erfolgen. Die fertige mRNA (mit 5'-Cap und Poly-A-Schwanz sowie ohne Introns) wird nun vom Zellkern ins Cytoplasma transportiert, wo dann während der Translation die Basensequenz der mRNA in die Aminosäuresequenz eines Proteins übersetzt wird.

Protein-codierende Gene von Prokaryonten besitzen in der Regel keine Introns und die Poly-A-Schwänze sind – wenn überhaupt vorhanden – deutlich kürzer.

3.2 Der genetische Code

Der Begriff Genexpression bedeutet, dass Nukleinsäuresequenzen in mRNA „übertragen" (engl.: transcribe = Transkription) und letztendlich in Proteine „übersetzt" (engl.: translate = Translation) werden. Dafür existiert eine besondere genetische „Sprache", die sich der vier Basen A, G, C und T bzw. U der DNA bzw. mRNA bedient. Wie aber kann eine Kombination dieser vier Basen eine Verschlüsselung einzelner Aminosäuren, als Bausteine der Proteine, bewirken?

Die Proteine aller bekannten Organismen sind aus insgesamt 20 verschiedenen Aminosäuren zusammengesetzt. Da den 20 Aminosäuren nur 4 Basen auf der DNA bzw. mRNA entgegenstehen, kann der Code allerdings nicht „einfach" sein – in der Bedeutung, dass nur ein Nukleotid bzw. eine Base für die Codierung einer Aminosäure zuständig wäre. Wie lang müsste also eine notwendige Nukleotidsequenz sein, um diese 20 Aminosäuren zu codieren? Auch mit zwei Basen, also einem Nukleotid-Duplett, könnte man nur $4^2 = 16$ Aminosäuren verschlüsseln. Erst mit der Kombination dreier Basen hat man die Möglichkeit, alle 20 Aminosäuren zu codieren – hier sind nämlich $4^3 = 64$ Kombinationsmöglichkeiten gegeben. Diese rein rechnerische Arbeitshypothese ist tatsächlich auch experimentell bestätigt worden: Eine Kombination von drei Basen, ein **Basen-Triplett** bzw. die Aufeinanderfolge dreier Nukleotide, enthält die Information für eine Aminosäure. Die genetische Sprache, der **genetische Code,** ist damit entschlüsselt!

Da nun der genetische Code an den Ribosomen in Form von mRNA „abgelesen" wird, gibt man diesen als mRNA-Code – mit den Basen A, C, G, U – an (Abbildung 3.3). Ein Basen-Triplett der mRNA, im Sinne einer Funktionseinheit für die Codierung einer Aminosäure, wird **Codon** genannt. Abbildung 3.3 zeigt ferner, dass von den 64 Triplets nur insgesamt 61 für eine Aminosäure codieren, wobei 18 der 20 Aminosäuren – Ausnahmen bilden Methionin und Trypto-

Abb. 3.3.
Der genetische Code. Die Codons in der dargestellten „Codesonne" werden von innen nach außen gelesen. Aminosäuren, die durch 6 verschiedene Codons verschlüsselt werden, sind mit einem Sternchen gekennzeichnet.

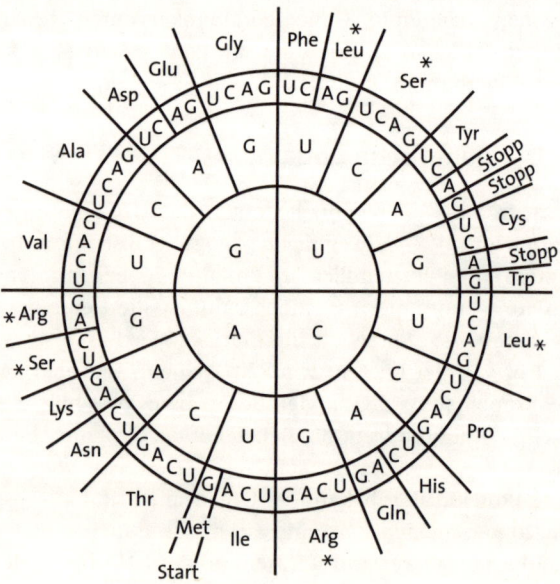

phan – durch jeweils mehrere Tripletts verschlüsselt werden. Da also für dieselben Aminosäuren mehrere Codons existieren – nur die beiden eben genannten Aminosäuren werden von genau einem Triplett codiert – bezeichnet man den genetischen Code auch als **degeneriert.**

Drei weitere Basentripletts, UAA, UAG und UGA, sind keiner Aminosäure zugeordnet; sie sind so genannte **Stopp-** oder **Terminations-Codons,** die das Ende der Translation veranlassen (→ *Kapitel 3.3*). Ebenso finden wir die **Start-Codons** AUG und (bei Prokaryonten) GUG: Sie codieren die Aminosäuren Methionin bzw. Valin, mit der die Translation beginnt, und die folglich immer als erste Aminosäure in die entstehende Polypeptidkette eingebaut werden (→ *Kapitel 3.3*). Weiterhin benutzen alle Organismen (vom Einzeller bis zum Elefant) dieselben Codons für dieselben Aminosäuren: Man bezeichnet den genetischen Code daher auch als **universell.**

3.3 Translation

Wie bereits mehrfach erwähnt, bildet die Translation den zweiten wichtigen Schritt der Genexpression, nämlich die endgültige Übersetzung der genetischen Information der mRNA in Proteine. Während bei Prokaryonten Transkription und Translation räumlich nicht voneinander getrennt sind, findet bei Eukaryonten die Transkription im Kern und die Translation im Plasma statt. Der Ort der Proteinbiosynthese sind bei beiden Gruppen die Ribosomen im Cytoplasma, die zu 2/3 aus **ribosomaler RNA (rRNA)** und zu 1/3 aus verschiedenen ribosomalen Proteinen bestehen. Ribosomen setzen sich aus einer kleinen und einer größeren Untereinheit zusammen, die bei der Proteinbiosynthese eng aneinan-

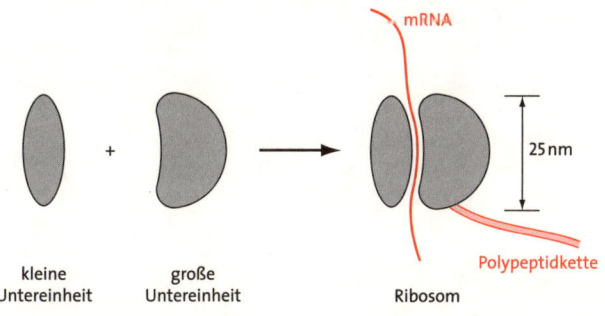

kleine Untereinheit — große Untereinheit — Ribosom — mRNA — Polypeptidkette — 25 nm

Abb. 3.4.
Aufbau eines Ribosoms. Ein Ribosom setzt sich aus einer kleinen und großen Untereinheit zusammen, zwischen denen die mRNA eingeschlossen wird.

Abb. 3.5.
Struktur einer tRNA.

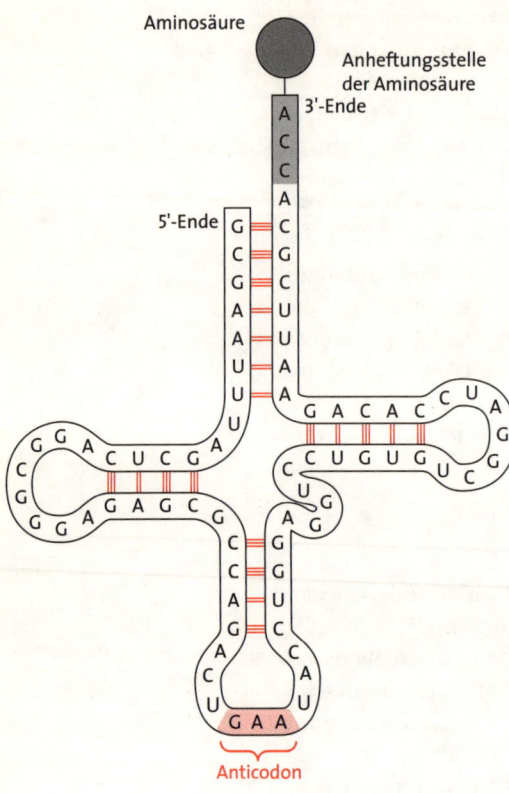

der gekoppelt sind bzw. zusammenarbeiten (Abbildung 3.4). Beide Untereinheiten heften sich an eine bestimmte mRNA-Region an und ermöglichen so einen Kontakt zwischen den Codons der mRNA und den entsprechenden Basen einer dritten wichtigen RNA-Form, der **Transfer-RNA (tRNA).**

Transfer-RNAs fungieren als Vermittler (Adapter) zwischen den Codons der mRNA und den dazu passenden Aminosäuren. Sie zeichnen sich durch eine spezifische Struktur aus, die ihre Funktion als Adapter bedingt (Abbildung 3.5): Die Kette aus rund 80 Nukleotiden ist wie ein „Kleeblatt" gefaltet, wobei sich die Enden der RNA sozusagen am „Stiel" des Kleeblattes gegenüber liegen. Das eine Ende besitzt eine **Aminosäuren-Anheftungsregion,** an die eine bestimmte Aminosäure gebunden werden kann. Alle tRNAs weisen hier die Nukleotidsequenz CCA auf; ferner bewirken bestimmte Nukleotidsequenzen innerhalb des Kleeblattes sowie spezifische Enzyme (jede Aminosäure hat eine eigene Aminoacyl-tRNA-Synthetase) die korrekte Zuordnung und Bindung der betreffenden Aminosäure an die entsprechende tRNA.

Abb. 3.6.
Triplettbezeichnungen auf dem DNA-Doppelstrang, der mRNA und tRNA.

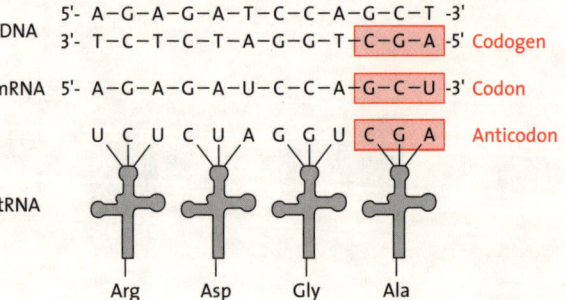

Am anderen Ende jeder tRNA ist ein Triplett, das **Anticodon** zu finden, das komplementär zum Codon der mRNA ist. Das entsprechende Triplett auf dem Ausgangs-DNA-Strang wird übrigens als **Codogen** bezeichnet (Abbildung 3.6).

Kommen wir nun zum Ablauf der Translation: Die tRNA-Moleküle „schwimmen" frei im Cytoplasma umher, beladen sich mit der zu ihr passenden Aminosäure und wandern dann zu den Ribosomen, wo das tRNA-Anticodon eine komplementäre Basenpaarung mit dem mRNA Codon eingeht. Die Ribosomen bewegen sich nun Codon für Codon – also immer um drei Nukleotide – auf der mRNA weiter. Passende, mit der entsprechenden Aminosäure beladene tRNAs lagern sich an und bringen so die Aminosäuren in der richtigen Reihenfolge in die neu entstehende Polypeptidkette ein.

Um diesen doch recht komplexen Vorgang zu verstehen, soll dieser noch etwas vertiefend beschrieben werden: Tatsächlich besitzt ein Ribosom zwei Bindungsstellen für tRNAs, eine

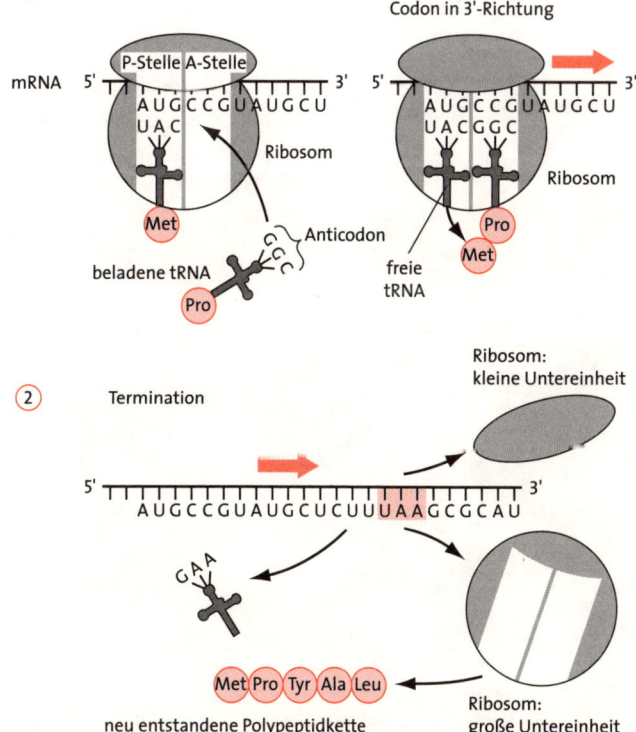

Abb. 3.7.
Schema der Translation an den Ribosomen.

P-Stelle (P = Peptidyl) und eine **A-Stelle** (A = Aminoacyl). Die Proteinbiosynthese beginnt bei Eukaryonten, wie wir bereits gesehen haben, mit dem Start-Codon AUG der mRNA. Daher wird zu Beginn der Translation die P-Stelle mit einer Methionin-tRNA besetzt, während die A-Stelle zunächst noch frei ist. Nun wird eine tRNA mit ihrer Aminosäure an die A-Stelle gekoppelt und beide Aminosäuren werden über eine Peptidbindung zwischen der Carboxylgruppe des startenden Methionins und der Aminogruppe der „ankommenden" Aminosäure miteinander verbunden. Die tRNA, die bislang das Methionin getragen hatte, wird frei und verlässt das Ribosom, welches dann um ein Codon auf der mRNA weiter rückt. Dadurch wird eine neue A-Stelle frei, eine passende tRNA wird gekoppelt und der ganze Vorgang kann von neuem beginnen. Diese einzelnen Teilschritte wiederholen sich so lange, bis ein Stopp-Codon an die A-Stelle des Ribosoms rückt – damit kommt es zum Ende (Termination) der Translation (Abbildung 3.7). Dabei wird nicht die gesamte mRNA

Abb. 3.8.
Translation an Polysomen. Die Translation desselben Proteins findet an mehreren Ribosomen gleichzeitig statt (nach LINDER 1998).

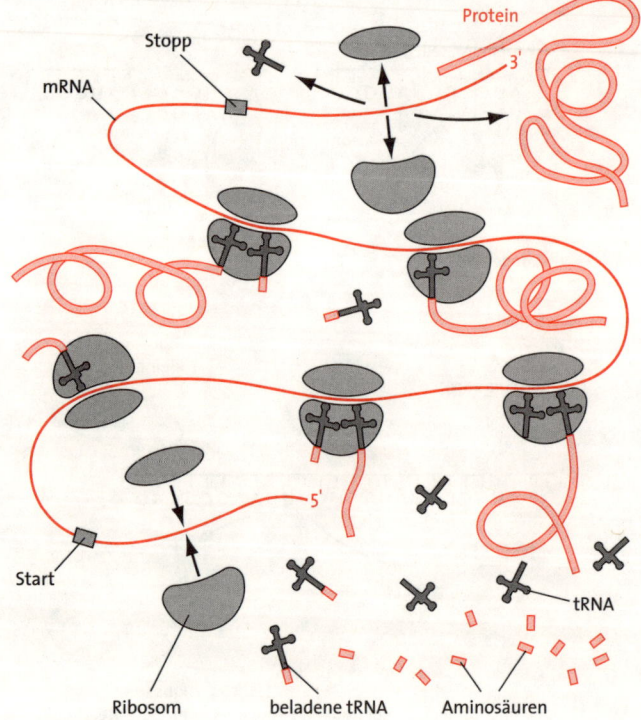

Protein

Stopp

mRNA

3'

5'

Start

Ribosom   beladene tRNA   Aminosäuren   tRNA

in eine Aminosäuresequenz übersetzt, sondern nur derjenige Bereich, der zwischen einem Start- und einem Stopp-Codon liegt. Dieser „eingerahmte" Abschnitt, dessen Information während der Proteinbiosynthese abgelesen wird und der ein funktionsfähiges Polypeptid codiert, wird auch als **offenes Leseraster (open reading frame, orf)** bezeichnet. Nach Abschluss der Synthese zerfällt das Ribosom in seine beiden Untereinheiten und die entstandene Polypetidkette wird ins Cytoplasma entlassen.

Die Translation eines Proteins findet oft in einem Verband von mehreren Ribosomen **(Polysomen)** statt (Abbildung 3.8). Dabei wird in jedem Ribosom dieselbe mRNA abgelesen, es werden also gleichzeitig mehrere baugleiche Polypeptidketten gebildet, so dass ein benötigtes Protein vergleichsweise schnell in größerer Menge von der Zelle produziert werden kann.

3.4 Modifikation und Transport der neusynthetisierten Proteine

Ist die Translation beendet, wird zunächst einmal die nicht mehr benötigte mRNA durch spezielle Enzyme (Ribonukleasen (→ *Kapitel 4.1*) abgebaut. Die Aminosäuresequenz der neu synthetisierten Proteine enthält ferner Informationen darüber, wie die entstandenen Polypeptide in zwei- bzw. dreidimensionale Strukturen gefaltet werden müssen. Außerdem bedürfen viele Polypeptide noch weiterer Veränderungen, bevor sie biologisch funktionsfähig sind. Zu diesen so genannten **posttranslationalen Modifikationen** gehören die Anlagerung von Phosphaten (Phosphorylierungen), die Spaltung in kürzere, aktive Formen sowie die Addition bestimmter Kohlenhydrat-Seitenketten (Glykosylierungen). Bei einigen Proteinen wird darüber hinaus das Methionin in der ersten Position des Polypeptids nach Abschluss der Translation wieder entfernt.

Nun befinden sich die neu gebildeten Proteine im Cytoplasma bestimmter Zellen, während sie ihre Wirkungsorte oftmals an weit entfernten Stellen des Organismus haben. Als Beispiele wären hier bestimmte Verdauungsenzyme oder Hormone zu nennen, die fernab ihres Syntheseortes eine bestimmte Funktion ausüben müssen. Diese Proteine müssen also an ihren korrekten Platz transportiert werden, wofür bestimmte Erkennungsmerkmale vonnöten sind. So besitzen viele Proteine an ihrem einen Ende zusätzlich eine kurze Aminosäuresequenz, das **Signalpeptid,** das praktisch als Postleitzahl fungiert und das Protein zu seinem Bestimmungsort „lenkt". Einige Proteine verbleiben so nach ihrer Synthese in der betreffenden Ursprungszelle (in den Mitochondrien, im Zellkern oder frei im Cytoplasma). Andere, die zum Abtransport bzw. zur Ausscheidung bestimmt sind, werden in das endoplasmatische Retikulum und von dort aus zum Golgi-Apparat geleitet, wo sie in sekretorische Vesikel eingeschlossen und schließlich durch die Membran an die Zelloberfläche und damit nach außen abgegeben werden.

3.5 Regulation der Genexpression

Sowohl Prokaryonten als auch Eukaryonten sind in der Lage, Menge und Zeitpunkt der Bildung bestimmter Genprodukte zu regulieren. So werden manche Polypeptide während gewisser Entwicklungsphasen nicht benötigt und die entsprechenden Gene daher gar nicht erst aktiviert. Ändern sich die Bedingungen, können diese „stillen Gene" wieder angeschaltet werden, während nun andere, zuvor aktive Gene möglicherweise stillgelegt bzw. ausgeschaltet werden. Die Zelle kann so auf eine Vielzahl von inneren und äußeren Reizen reagieren und die Aktivitätszustände ihrer Gene den jeweiligen Bedingungen bzw. Notwendigkeiten optimal anpassen.

Welche Regulationsmöglichkeiten stehen der Zelle hier im Einzelnen zur Verfügung? Betrachten wir zunächst die Regulation der Genexpression bei **Prokaryonten.** Prokaryontische Gene sind meist in Gruppen angeordnet, so genannten **Operons** (Abbildung 3.9). Die in einem Operon zusammengefassten Gene werden immer gemeinsam tran-

Abb. 3.9.
Aufbau eines Operons im prokaryontischen Genom. Das Operon beginnt mit einem Operator, an den Repressoren binden können und der die Promotorsequenz trägt. Es folgen mehrere Gene, deren Transkription gemeinsam reguliert wird.

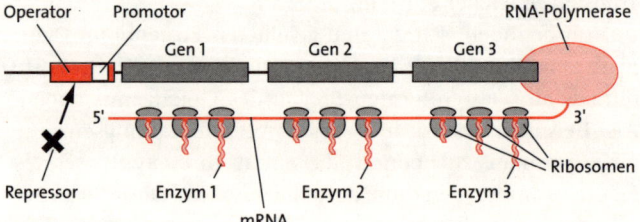

skribiert und ihre Expression wird von einem einzigen Promotor koordiniert. Dieser Promotor liegt in einem bestimmten regulatorischen Abschnitt, der **Operator** genannt wird und die Transkription beeinflussen kann: So können bestimmte regulatorische Proteine – **Repressoren** oder **Aktivatoren** – an den Operator binden und die Bildung des jeweiligen Proteins hemmen bzw. fördern. Heftet sich ein Repressor an den Operator, wird die Transkription des Operons verhindert: Dies geschieht, indem sich Sequenzen von Promotor und Operator überlappen und dadurch die Zugänglichkeit des Promotors für die RNA-Polymerase behindert wird. Andererseits kann die Bindung eines Aktivatorproteins in Nachbarschaft des Promotors die Ankoppelung der RNA-Polymerase erleichtern und so zu einer Steigerung der Transkriptionsrate führen.

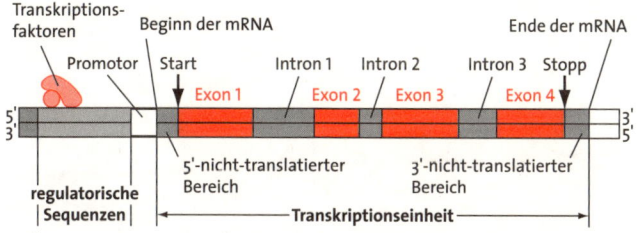

Abb. 3.10.
Regulation der Aktivität eines eukaryontischen Gens. Transkriptionsfaktoren können an regulatorische Sequenzen in der Nähe des Promotors binden und verstärken bzw. vermindern dadurch die Transkriptionsrate des folgenden Gens.

Die Regulation der Genexpression bei **Eukaryonten** ist um einiges komplexer als bei Prokaryonten, so dass wir an dieser Stelle nur kurz auf sie eingehen wollen. Bei Eukaryonten wird jede **Transkriptionseinheit** – das ist derjenige DNA-Abschnitt zwischen Anfangs- und Endpunkt der Transkription – von einer eigenen regulatorischen Region gesteuert (Abbildung 3.10). Auch eukaryontische Gene besitzen einen Promotor, an den die RNA-Polymerase zu Beginn der Transkription bindet. Darüber hinaus benötigen die RNA-Polymerasen Hilfsfaktoren, so genannte **Transkriptionsfaktoren,** die sich an spezifische regulatorische Sequenzen in der Nähe des Promotors anheften und so die Transkription ermöglichen. Auch bei Eukaryonten finden wir wiederum DNA-Elemente, die eine gewebespezifische Verstärkung **(Enhancer)** oder Herabsetzung **(Silencer)** der Genexpression bewirken. Enhancer- und Silencer-Elemente sind oft viele 1000 Basenpaare von der Transkriptionsstartstelle entfernt. Ihre Wirkung kann man sich über ein

„DNA-Schleifenmodell" erklären: Bestimmte Proteine, die in unserem Beispiel an einen Enhancer gebunden sein sollen, können mit dem entfernt gelegenen Promotor bzw. mit den an ihn gebundenen Transkriptionsfaktoren in direkte Interaktion treten, indem die DNA zwischen Enhancer und Promotor eine Schleife bildet und die beiden Regionen dadurch einander angenähert werden.

Teil II

Gentechnische Methoden und ihre Anwendung

4 Das Enzymrepertoire der Gentechnik

Unser „Grundwerkzeug" für die meisten gentechnischen Experimente sind Enzyme. Hierbei handelt es sich um Eiweißmoleküle, die als Katalysatoren chemische Reaktionen beschleunigen. Mit Enzymen wird es möglich, DNA zu manipulieren – sie zu schneiden, unterschiedliche Stücke zusammenzufügen oder bestimmte Abschnitte zu vermehren. Man kann die Enzyme nach den jeweiligen Reaktionen, die sie katalysieren in verschiedene Gruppen einteilen. Im Folgenden werden wir Nukleasen (hier besonders die Restriktionsendonukleasen), Ligasen und Polymerasen näher betrachten. In der Methodenbox 4.1 sind darüber hinaus einige grundlegende Informationen zum Umgang mit Enzymen angegeben.

4.1 Nukleasen

Nukleasen sind Enzyme, die Nukleinsäuren schneiden, sie verkürzen oder abbauen. Dies wird dadurch erreicht, dass sie die Phosphodiesterbindungen zwischen den Nukleotiden eines DNA- oder RNA-Stranges aufspalten. Man kann die Nukleasen ganz allgemein in zwei Gruppen unterteilen, zum einen in **Exonukleasen** – das sind Nukleasen, die Nukleinsäuren von den freien Enden her abbauen – zum anderen in **Endonukleasen,** die Nukleinsäuren innerhalb des Moleküls spalten. Hierzu gehören auch die Desoxyribonukleasen **(DNasen)** und die Ribonukleasen **(RNasen)** – Enzyme, die DNA- bzw. RNA z. T. vollständig abbauen. Eine spezielle Gruppe der Endonukleasen sind die Restriktionsendonukleasen, die, im Gegensatz zu den übrigen Nukleasen, DNA an ganz spezifischen Stellen schneiden; sie werden im folgenden Kapitel näher beschrieben.

Methodenbox 4.1. Umgang mit Enzymen

- **Glycerin:** Die meisten Enzyme werden vom Hersteller in einer 50%igen Glycerin-Lösung geliefert. Glycerin dient als Stabilisator, so dass die Enzyme bei $-20\,°C$ gelagert werden können, ohne an Aktivität zu verlieren.

- **Reaktionspuffer:** Die Aktivität von Enzymen ist stark von den gewählten Pufferbedingungen abhängig. Meistens werden bei kommerziell erhältlichen Enzymen die entsprechenden Puffer als 10fach oder 5fach konzentrierte Lösung mitgeliefert. Ihre Aufgabe liegt vor allem in einer Pufferung des pH-Wertes (dieser liegt meist zwischen 6,0 und 8,0) sowie in der Bereitstellung von Ionen, die als Cofaktoren (z. B. Mg^{2+}) für die Enzymaktivität wichtig sind.

- **Lagerung/Handhabung:** Enzyme sind sehr temperaturempfindlich und müssen deshalb in den meisten Fällen bei $-20\,°C$ gelagert werden. Wenn man sie aus dem Gefrierschrank nimmt, sollten sie möglichst schnell auf Eis gestellt werden und dort auch während der weiteren Arbeit verbleiben.

- **Benötigte Menge:** Für die Arbeit mit Enzymen richtet man sich nicht nach einer bestimmten Enzymmenge, sondern nach ihrer Aktivität. Darunter versteht man, wie viel des gegebenen Substrates in einer chemischen Reaktion durch eine bestimmte Menge eines Enzyms umgesetzt wird. Die Maßeinheit für die Enzymaktivität ist Unit (U). Für die Arbeit mit Restriktionsenzymen gilt als Faustregel, dass 1 Unit des Enzyms 1 µg DNA in 1 h bei der korrekten Temperatur vollständig spaltet. Die Aktivität von Ligasen wird meist in Weiss Units angegeben. Dabei entsprechen 0,01 Weiss Units der Menge Ligase, die benötigt wird, um innerhalb von 20 min mehr als 95 % der Fragmente, die durch Verdau von Lambda Phagen-DNA mit dem Restriktionsenzym *Hind*III entstanden sind, wieder zusammenzufügen.

Als Beispiele für Exonukleasen wollen wir auf die Funktionsweisen der Exonuklease III und des Enzyms Bal31 eingehen, exemplarisch für Endonukleasen betrachten wir die DNase I und die Endonuklease S1.

Exonuklease III ist ein Enzym, das aus dem Bakterium *E. coli* isoliert wurde und nur am 3'-Ende des DNA-Doppelstranges Nukleotide abspaltet. Durch eine Behandlung der DNA mit Exonuklease III werden die DNA-Stränge von den 3'-Enden her abgebaut, wodurch z. T. sehr lange einzelsträngige Abschnitte in einem doppelsträngigen DNA-Molekül entstehen (Abbildung 4.1a).

Das Enzym **Bal31** (der Name leitet sich von dem Bakterium *Alteromonas espejiana* ab, aus dem das Enzym gewonnen wird) baut dagegen Nukleotide von beiden Enden eines DNA-Doppelstranges ab – je nach Dauer der Inkubationszeit mit Bal31 wird der DNA-Doppelstrang entsprechend verkürzt (Abbildung 4.1b).

Abb. 4.1.
Wirkungsweisen verschiedener Exonukleasen.
a) Exonuklease III baut das DNA-Molekül vom 3'-Ende her ab.
b) Bal31 spaltet Nukleotide von beiden Enden eines DNA-Doppelstranges ab.

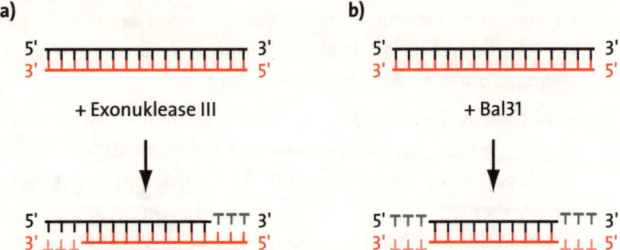

Endonukleasen werden im Allgemeinen danach unterschieden, ob sie nur einzel- oder auch doppelsträngige Nukleinsäuremoleküle angreifen.

Die **Desoxyribonuklease I** (kurz **DNase I**) wird aus der Bauspeicheldrüse von Rindern isoliert. Sie schneidet ganz unspezifisch (d.h. an beliebigen, nicht definierten Stellen) sowohl einzel- als auch doppelsträngige DNA-Moleküle, es entsteht also ein Gemisch aus sehr kurzen (z.T. nur aus einem einzigen Nukleotid bestehenden!) DNA-Fragmenten. Die Art und Weise wie DNase I ein doppelsträngiges DNA-Molekül schneidet, ist abhängig von der Gegenwart bestimmter Kationen: In Gegenwart von Mn^{2+}-Ionen spaltet DNase I bevorzugt an der gleichen Stelle in beiden Strängen. Werden dagegen Mg^{2+}-Ionen dem Reaktionsansatz zugefügt, so werden die beiden Stränge eines DNA-Doppelstranges an verschiedenen Stellen gespalten (Abbildung 4.2a).

In höheren Konzentrationen kann mit DNase I auch DNA aus RNA-Lösungen entfernt, d.h. völlig abgebaut werden.

Die **Endonuklease S1** (aus dem Pilz *Aspergillus oryzae*) kann nur einzelsträngige DNA- oder RNA-Moleküle schneiden. Befindet sich auf dem DNA-Doppelstrang eine einzelsträngige Lücke, so kann diese mit Hilfe der Endonuklease S1 herausgeschnitten werden (Abbildung 4.2b).

4.2 Restriktionsendonukleasen

Restriktionsendonukleasen – auch **Restriktionsenzyme** genannt – sind Nukleasen, die kurze, spezifische Basensequenzen in einem DNA-Molekül erkennen und dieses entweder direkt an oder zumindest in der Nähe dieser **Erkennungsstellen** oder **Erkennungssequenzen** spalten.

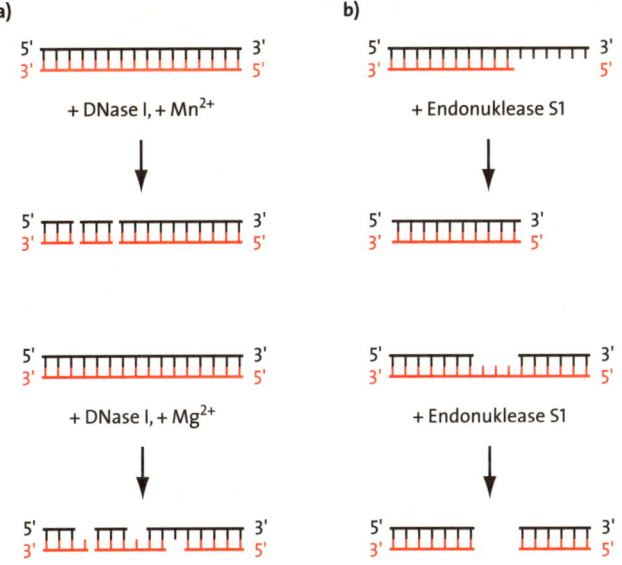

Abb. 4.2.
Wirkungsweisen verschiedener Endonukleasen.
a) DNase I schneidet unspezifisch in doppel- und einzelsträngigen DNA-Molekülen,
b) Endonuklease S1 schneidet nur im DNA-Einzelstrang.

Heute nutzen wir Restriktionsendonukleasen aus verschiedenen Bakterienstämmen für zahlreiche molekularbiologische Experimente – uns interessiert zuerst jedoch noch, welche Funktion diese Enzyme „natürlicherweise" in den Bakterienzellen ausüben: In den fünfziger Jahren wurde beobachtet, dass Bakterien in der Lage sind, sich aktiv vor dem Befall mit fremder DNA zu schützen. Dies bedeutet, dass sie arteigene von fremder DNA unterscheiden können. Wie sich herausstellte, sind hierfür DNA-Methylasen verantwortlich, die ein bestimmtes Methylierungsmuster an der eigenen DNA erzeugen, indem eine Methylgruppe ($-CH_3$) an jedes Cytosin angehängt wird. Wird nun die Bakterienzelle durch fremde DNA befallen, kommen die Restriktionsendonukleasen zum Einsatz: Sie erkennen das Fehlen dieser Methylierung und bauen daraufhin die fremde DNA ab. In der Natur übernehmen Restriktionsendonukleasen damit eine wichtige Schutzfunktion für die Bakterienzelle.

Man unterscheidet insgesamt drei Typen von Restriktionsenzymen, die als Typ I, Typ II und Typ III bezeichnet werden. Für gentechnische Arbeiten finden eigentlich nur die Restriktionsendonukleasen des **Typs II** Anwendung, weil sie als einzige in der Lage sind, das DNA-Molekül **direkt** an der Erkennungsstelle zu schneiden. Dagegen schneiden Restriktionsenzyme des Typs I das DNA-Molekül bis zu 1000 bp, die des Typs III 20 bis 25 bp von ihrer Erkennungsstelle entfernt.

Die Erkennungssequenzen von Restriktionsendonukleasen des Typs II bestehen aus vier, sechs oder acht Basen; man nennt sie dementsprechend **4-bp-, 6-bp-** oder **8-bp-Cutter.** Die Basen der Erkennungssequenzen sind zudem häufig gegenläufig **(palindromisch)** angeordnet: Betrachtet man die beiden Stränge, lesen sie sich in beiden Richtungen gleich. Als Beispiel dient das wohl am häufigsten verwendete Enzym *Eco*RI, dessen Erkennungssequenz in 5'→ 3'-Richtung 5'-GAATTC-3' und in 3'→ 5'-Richtung 3'-CTTAAG-5' lautet.

Restriktionsenzyme, die unterschiedlichen Organismen entstammen, aber dennoch die gleichen Erkennungssequenzen besitzen, werden **Isoschizomere** genannt.

Die Bezeichnung der Restriktionsenzyme folgt einer bestimmten Regel: Die ersten drei Buchstaben des Enzyms (kursiv geschrieben) bestehen aus den Anfangsbuchstaben des Organismus, aus welchem das Enzym isoliert wurde (z.B. *Eco* = *Escherichia coli*). Die vierte Stelle gibt an, um welchen Stamm es sich handelt. Schließlich werden Restriktionsenzyme, die aus demselben Bakterienstamm isoliert worden sind, mit römischen Zahlen durchnummeriert. In Tabelle 4.1 wird diese Nomenklatur nochmals beispielhaft erläutert: In ihr sind einige der am häufigsten verwendeten Enzyme sowie die Organismen, aus denen sie isoliert wurden, aufgeführt.

In der Spalte „Erkennungssequenz" der Tabelle 4.1 ist zudem eine Linie eingetragen, welche die Stelle bezeichnet, an der die Restriktionsenzyme das doppelsträngige DNA-Molekül schneiden. Dabei fällt auf, dass manche Enzyme beide DNA-Stränge in der Mitte spalten (Beispiele aus Tabelle 4.1 sind *Hae*III und *Pvu*II), während andere „versetzte" Schnitte erzeugen, so dass das entstandene DNA-Stück ein längeres und ein kürzeres Ende besitzt (z.B. *Bam*HI und *Eco*RI). Man spricht im ersten Fall von **„glatten"** Enden (engl.: **blunt ends)** und im letzteren Fall von **„klebrigen"** Enden (engl.: **sticky ends)** (Abbildung 4.3). Diese Form der DNA-Enden ist für weiterführende Experimente von großer Bedeutung, wie bei der Beschreibung von Klonierungsversuchen (→ *Kapitel* 7) deutlich wird.

Tabelle 4.1. Bezeichnung, Erkennungssequenz und Form der entstandenen Enden für eine Auswahl von häufig benutzten Restriktionsendonukleasen

Enzym	Organismus	Erkennungssequenz	Form der Enden
*Bam*HI	*Bacillus amyloliquefaciens*	5'-G GATCC-3' 3'-CCTAG G-5'	klebrig
*Bgl*II	*Bacillus globigii*	5'-A GATCT-3' 3'-TCTAG A-5'	klebrig
*Eco*RI	*Escherichia coli*	5'-G AATTC-3' 3'-CTTAA G-5'	klebrig
*Hae*III	*Haemophilus aegypticus*	5'-GG CC-3' 3'-CC GG-5'	glatt
*Hind*III	*Haemophilus influenzae*	5'-A AGCTT-3' 3'-TTCGA A-5'	klebrig
*Not*I	*Nocardia otitidis-caviarum*	5'-GC GGCCGC-3' 3'-CGCCGG CG-5'	klebrig
*Pvu*I	*Proteus vulgaris*	5'-CGAT CG-3' 3'-GC TAGC-5'	klebrig
*Pvu*II	*Proteus vulgaris*	5'-CAG CTG-3' 3'-GTC GAC-5'	glatt
*Sau*3A	*Staphylococcus aureus*	5'-G ATC-3' 3'-CTA G-5'	klebrig
*Taq*I	*Thermus aquaticus*	5'-T CGA-3' 3'-AGC A-5'	klebrig

a)

b)

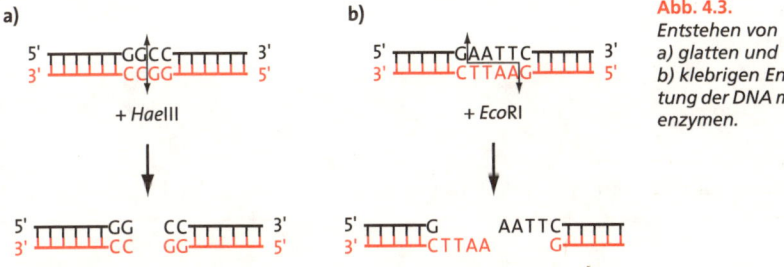

Abb. 4.3.
Entstehen von a) glatten und b) klebrigen Enden nach Spaltung der DNA mit Restriktionsenzymen.

Die Methodenbox 4.2 zeigt das Vorgehen beim Ansetzen eines so genannten **Restriktionsverdaus** im Labor. Eine sehr nützliche Internetseite, die Informationen zu allen verfügbaren Restriktionsenzymen bereitstellt, ist REBASE

Methodenbox 4.2. Arbeiten mit Restriktionsenzymen

Will man DNA mit einem Restriktionsenzym in ein oder mehrere Fragmente spalten, so spricht man auch davon, einen **Verdau** anzusetzen. Hierzu pipettiert man folgende Komponenten zusammen in ein Reaktionsgefäß:

- **DNA,** in einer definierten Menge (meist 0,2 bis 2 µg);
- **Puffer,** passend zum Enzym (wird vom Hersteller des Enzyms mitgeliefert);
- **Enzym,** in einer bestimmten Konzentration (Units, abhängig von der eingesetzten Menge an DNA; es gilt etwa 1 U Enzym für 1 µg DNA);
- **Wasser,** bis zu dem gewünschten Endvolumen des Restriktionsverdaus.

Dieser Ansatz wird für 1 bis 2 h bei einer Temperatur inkubiert, die optimal für das jeweilige Enzym ist. Die meisten Restriktionsenzyme arbeiten bei 37 °C am besten, einige wenige benötigen eine Inkubationstemperatur von 55 °C bzw. 65 °C. Für manche Folgeexperimente mit diesem Ansatz muss das Restriktionsenzym nach der Spaltung wieder inaktiviert werden. Dies geschieht entweder durch Inkubation für 10 min bei 70 °C oder durch Zugabe von EDTA. EDTA bindet Mg^{2+}-Ionen, wodurch das Restriktionsenzym in seiner Aktivität inhibiert wird.

Die durch so einen Verdau erzeugten DNA-Stücke werden auch als **Restriktionsfragmente** bezeichnet.

Beispiel für einen Restriktionsverdau:

- In ein steriles Eppendorf-Reaktionsgefäß in der angegebenen Reihenfolge auf Eis pipettieren:

Komponente	Menge	Endkonzentration
steriles, deionisiertes H_2O	7,8 µl	
DNA-Template (200 ng/µl)	10,0 µl	2 µg
10 × *Eco*RI Reaktionspuffer	2,0 µl	1 ×
*Eco*RI (10 U/µl)	0,2 µl	2 U
Reaktionsvolumen	**20 µl**	

- Ansatz mischen, kurz abzentrifugieren und für 1 h bei 37 °C inkubieren;
- Reaktion durch Zugabe von 1 µl 0,5 M EDTA stoppen.

(Restriction Enzyme Database), zu finden unter http://rebase.neb.com/rebase/rebase.html (Stand September 2003).

4.3 Ligasen

Ligasen sind in der Lage, zwei oder mehrere DNA- oder RNA-Moleküle miteinander zu verknüpfen. Ihre natürliche

Funktion in der Zelle haben wir bereits im Kapitel 2.2 kennen gelernt. Sie haben u.a. bei der DNA-Replikation die Aufgabe, die am Folgestrang entstandenen Okazaki-Fragmente miteinander zu verbinden.

In der Gentechnik werden Ligasen dazu benutzt, DNA-Fragmente, die aus unterschiedlichen Organismen oder Proben stammen, zusammenzufügen und damit neu zu kombinieren. Dies ist z.B. nach Spaltung zweier DNAs mit demselben Restriktionsenzym möglich: Beide entstandenen Fragmente besitzen dann zueinander passende klebrige Enden, zwischen denen komplementäre Basenpaarungen ausgebildet werden können. Die DNA-Ligase bewirkt nun die Ausbildung von Phosphodiesterbindungen zwischen den endständigen Nukleotiden der beiden DNA-Fragmente, so dass ein durchgehender DNA-Strang entsteht (Abbildung 4.4). Man bezeichnet diesen Vorgang auch als **Ligation.** Die Ligation spielt bei der Klonierung von DNA-Fragmenten (→ *Kapitel* 7) eine wichtige Rolle. In der Methodenbox 4.3 ist das praktische Vorgehen für das Ansetzen einer Ligation an einem Beispiel beschrieben.

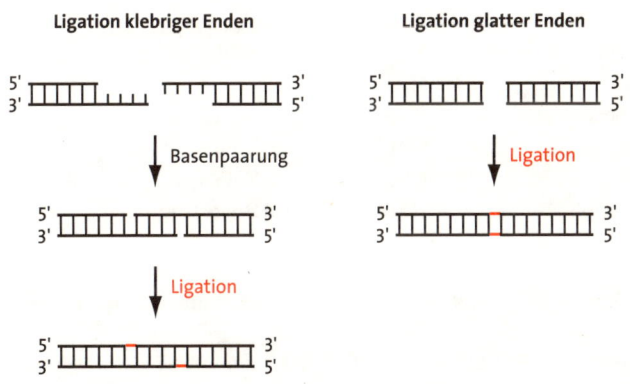

Abb. 4.4.
Ligation klebriger und glatter Enden von DNA-Fragmenten.

Für molekularbiologische Versuche werden hauptsächlich Ligasen eingesetzt, die entweder aus dem Bakterium *E. coli* oder aus dem Bakteriophagen T4 isoliert worden sind. Die Phagen T4 DNA-Ligase ist in der Lage, neben der Ligation von DNA-Fragmenten mit klebrigen und glatten Enden auch RNA-Fragmente mit DNA- oder RNA-Templates zu verbinden. Dies kann von der aus *E. coli* isolierten Ligase nicht bewerkstelligt werden.

Methodenbox 4.3. Ansetzen einer Ligation

Im Folgenden wird das Ansetzen einer Ligation am Beispiel der Einführung eines DNA-Fragmentes (Insert) in einen Plasmidvektor beschrieben, wie es für die Herstellung rekombinanter DNA im Rahmen von Klonierungsexperimenten (→ *Kapitel 7.2*) nötig ist.

Vor Ansetzen der eigentlichen Ligation muss zunächst einmal die benötigte Menge des DNA-Fragmentes bestimmt werden. Hierbei kann man sich an der Empfehlung orientieren, das DNA-Fragment und den Plasmidvektor in einem Mengenverhältnis von 3:1 einzusetzen, d.h. für die Ligation wird ungefähr dreimal so viel Insert wie Vektor verwendet. Hierfür wird folgende Gleichung benötigt:

(1) Menge des Inserts (ng)
   = 3 × Menge des Vektors (ng) × Länge (kb) des Inserts / Größe (kb) des Vektors

Als Beispiel: Ein 1,3 kb großes DNA-Fragment soll in den 4,4 kb großen Plasmidvektor pBR322 (→ *Kapitel 7.1.1 und Abbildung 7.1*) eingefügt werden, von dem 50 ng für die Ligation eingesetzt werden sollen. Zur Bestimmung der benötigten Menge (ng) des Inserts für die Ligation ergibt sich aus der Gleichung (1):

Menge des Inserts (ng) = 3 × 50 ng × 1,3 kb/4,4 kb = 45 ng DNA-Fragment

Beispiel für einen Ligationsansatz:

• In ein steriles Eppendorf-Reaktionsgefäß in der angebenen Reihenfolge auf Eis pipettieren:

Komponente	Menge	Endkonzentration
steriles, deionisiertes H_2O	11,5 µl	
10 × T4 DNA-Ligase Ligationspuffer	2,0 µl	1 ×
Plasmidvektor (50 ng/µl)	1,0 µl	50 ng
DNA-Fragment (10 ng/µl)	4,5 µl	45 ng
T4 DNA-Ligase (1 Weiss Unit/µl)	1,0 µl	1 Weiss Unit
Reaktionsvolumen	**20 µl**	

• Ansatz mischen, kurz abzentrifugieren und für 1 bis 3 h bei Raumtemperatur oder über Nacht bei 4 °C inkubieren;
• Reaktion durch Zugabe von 1 µl 0,5 M EDTA oder durch Erhitzen auf 65 °C für 10 min stoppen.

4.4 Polymerasen

Polymerasen sind Enzyme, die DNA oder RNA synthetisieren. DNA-Polymerasen wurden bereits im Kapitel 2.2 im Zusammenhang mit der DNA-Replikation beschrieben. Wie wir dort erfahren haben, können sie auf Basis eines einzelnen

DNA-Stranges, der als Vorlage (Matrize, Template) dient, einen neuen DNA-Strang aufbauen. Polymerasen brauchen dazu zum einen „freie" Nukleotide als „Bausteine" für den neuen Strang und zum anderen einen **Primer** als Starthilfe für die Synthese (→ *Kapitel 2.2*).

Für gentechnische Arbeiten finden vor allem die aus *E. coli* isolierte DNA Polymerase I und die daraus künstlich abgeleitete Klenow-Polymerase (auch Klenow-Fragment genannt) Anwendung (Abbildung 4.5).

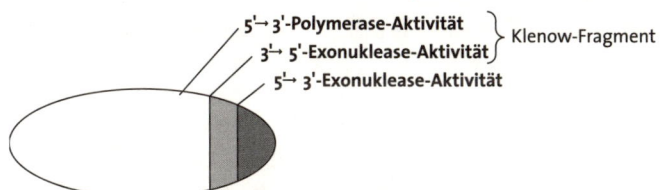

Abb. 4.5.
Schema der Enzymaktivitäten der DNA-Polymerase I und des Klenow-Fragmentes.

DNA Polymerase I (1958 von ARTHUR KORNBERG entdeckt, daher auch Kornberg-Polymerase genannt) ist ein Enzym, das eine Doppelaktivität besitzt: Sie hat gleichzeitig eine 5'→ 3'-Polymerase-Aktivität sowie eine 3'→ 5'- und 5'→ 3'-Exonuklease-Aktivität (Abbildung 4.6). Die **5'→ 3'-Polymerase-Aktivität** versetzt sie in die Lage, mit Hilfe eines Primers, der an eine DNA-Matrize gebunden ist, einen neuen Strang komplementär zur Vorlage zu synthetisieren. Gleichzeitig kann sie über ihre **3'→ 5'-Exonuklease-Aktivität**

1) 5'→ 3'-Polymerase-Aktivität (z.B. DNA-Polymerase I, Klenow-Fragment)

Abb. 4.6.
Verschiedene Enzymaktivitäten von DNA-Polymerasen.

2) 3'→ 5'-Exonuklease-Aktivität (z.B. DNA-Polymerase I, Klenow-Fragment)

3) 5'→ 3'-Exonuklease-Aktivität (z.B. DNA-Polymerase I)

Phosphodiesterbindungen zwischen Nukleotiden auflösen (hydrolysieren). Dabei entfernt sie Nukleotide beginnend am 3′-Ende des DNA-Stranges (→ *Kapitel 2.3*). Mit ihrer **5′→ 3′-Exonuklease-Aktivität** – und die unterscheidet sie von anderen Polymerasen! – entfernt sie ebenfalls Nukleotide, beginnt hier aber am 5′-Ende und setzt diese Hydrolyse in Richtung 3′-Ende fort.

Warum sind diese verschiedenen Enzymaktivitäten so wichtig? Wie wir in Kapitel 2.3 gesehen haben, können Polymerasen während der DNA-Replikation mit Hilfe ihrer 3′→ 5′-Exonuklease-Aktivität falsch eingebaute Nukleotide vom Ende einer wachsenden Kette entfernen. Für die Zelle ist daneben ihre 5′→ 3′-Exonuklease-Aktivität bei der Reparatur beschädigter DNA-Abschnitte von großer Bedeutung: Entsteht ein Bruch **(Nick)** in doppelsträngiger DNA, entfernt sie Nukleotide vom 5′-Ende des Bruches und synthetisiert anschließend einen neuen komplementären Strang. Man nutzt diese Aktivität in der Gentechnik vor allem zur Markierung von DNA. Dieser Vorgang wird Nick-Translation genannt und ist in Kapitel 10.2.1 näher erläutert.

1970 spaltete KLENOW die DNA-Polymerase I mit Hilfe einer Protease in zwei Teilstücke. Es entstanden ein größeres und ein kleineres Fragment, wobei das größere sowohl die 5′→ 3′-Polymerase als auch die 3′→ 5′-Exonuklease-Aktivität enthielt – diese künstlich hergestellte Polymerase wurde fortan als **Klenow-Fragment** bezeichnet. Im Prinzip erfüllt diese Polymerase dieselbe Funktion wie viele andere natürliche Polymerasen auch: Sie kann an einem DNA-Einzelstrang einen Komplementärstrang aufbauen, korrigiert falsch eingebaute Nukleotide am 3′-Ende des neuen Stranges und kann eine entstandene Lücke in einem DNA-Doppelstrang auffüllen. Nach dem Auffüllen dieser Lücke setzt das Klenow-Fragment aber im Vergleich zur DNA-Polymerase I nicht mehr den Abbau weiterer Nukleotide und die daran anschließende Synthese eines neuen DNA-Stranges fort, da ihm die 5′→ 3′-Exonuklease-Aktivität fehlt.

Das Klenow-Fragment wird ebenfalls zur Markierung von DNA-Fragmenten eingesetzt. Hierzu muss das DNA-Molekül klebrige Enden besitzen, die dann von der Polymerase unter Verwendung von markierten Nukleotiden wieder aufgefüllt werden. Man nennt diesen Vorgang **Endmarkierung** oder **Auffüllreaktion.**

Weiterhin findet das Klenow-Fragment bei der Sequenzierung von DNA nach der Kettenabbruchmethode (→ *Kapitel 9.1.1*) Anwendung.

Eine besondere Bedeutung für gentechnische Anwendungen haben **thermostabile DNA-Polymerasen,** die aus unterschiedlichen Bakterien gewonnen werden. Die bekannteste ist die **Taq-Polymerase,** die 1976 aus dem Bakterium *Thermus aquaticus* isoliert wurde, woher sich auch der Name ableitet. Diese Bakterien gedeihen z.B. in den heißen Quellen des Yellowstone Nationalparks in den USA. Um hier überleben und sich vermehren zu können, müssen die Enzyme dieser Bakterien ausgesprochen hitzestabil sein, und das Aktivitätsoptimum der Enzyme muss bei entsprechend hohen Temperaturen liegen.

Die *Taq*-Polymerase wird sehr häufig zur Durchführung einer Polymerasekettenreaktion (PCR, → *Kapitel 8*) eingesetzt. Beispiele für weitere hitzestabile Polymerasen, die ebenfalls Anwendung in der PCR finden, sind in Tabelle 4.2 angegeben. Die verschiedenen thermostabilen DNA-Polymerasen unterscheiden sich vor allem hinsichtlich ihrer Exonuklease-Aktivität (5′→ 3′ oder 3′→ 5′) sowie der Fehlerrate beim Einbau der Nukleotide (Tabelle 4.2). Diese wird vor allem durch das Vorhandensein bzw. Fehlen der 3′→ 5′-Exonuklease-Aktivität bestimmt: Polymerasen, die diese Enzymaktivität aufweisen (z.B. *Pfu* und *Pwo*), besitzen damit einen „proofreading"-Mechanismus (→ *Kapitel 2.3*) und können so falsch eingebaute Basen aus dem neu synthetisierten Strang entfernen.

Tabelle 4.2. Eigenschaften einiger thermostabiler DNA-Polymerasen

Enzym	Organismus	Temperatur-optimum (°C)	Exonuklease-Aktivität	Fehlerrate[+)]
Taq	*Thermus aquaticus*	75–80	5′→ 3′	10^{-4}–10^{-5}
Tth	*Thermus thermophilus*	75–80	5′→ 3′	10^{-4}–10^{-5}
Pfu	*Pyrococcus furiosus*	72–78	3′→ 5′	10^{-6}
Pwo	*Pyrococcus woesei*	60–65	3′→ 5′	10^{-6}

[+)]Eine Fehlerrate von z.B. 10^{-4} bedeutet, dass pro 10000 Nukleotiden eine falsche Base eingebaut wird.

5 Methoden zur Isolierung von Nukleinsäuren

Für jede Art von gentechnischen Versuchen ist es notwendig, DNA oder RNA aus Zellen oder intakten Geweben zu isolieren. Die verschiedenen Verfahren zur Isolierung von Nukleinsäuren können allgemein in drei komplexe Arbeitsschritte aufgegliedert werden:

1. Bereitstellung und Aufschließen von Zellmaterial;
2. Entfernung aller Zellbestandteile außer der gewünschten Nukleinsäure;
3. Reinigung und Konzentration der Nukleinsäure.

Wir wollen in den folgenden Abschnitten auf die Grundprinzipien und Vorgehensweisen bei der DNA- und RNA-Extraktion eingehen. Vorweg sei gesagt, dass die in den Methodenboxen 5.1, 5.2 und 5.3 angegebenen Protokolle jeweils nur eine von vielen Varianten darstellen, die heute zur Verfügung stehen, um die jeweiligen Nukleinsäuren zu extrahieren.

5.1 Isolierung von genomischer DNA

Bei genomischer DNA handelt es sich um die gesamte DNA, die man aus bestimmten Zellen (z.B. Blutzellen) oder Geweben (z.B. Leber, Blätter einer Pflanze) isolieren kann. Je nachdem, mit welchem Gewebetyp man es zu tun hat, wird der erste Teilschritt der DNA-Extraktion – das **Aufbrechen der Zellen** – unterschiedlich gehandhabt. Handelt es sich um freie Zellen in einer Suspension, können die Zellmembranen durch die einfache Zugabe eines Extraktionspuffers zur Auflösung gebracht werden. Bei Bakterienzellen setzt man diesem Puffer meist noch bestimmte Enzyme (z.B. Lysozym) hinzu, welche die widerstandsfähigen Zellwände abbauen.

Soll DNA aus Gewebe isoliert werden, so werden die Zellen zunächst physikalisch aufgebrochen; hierzu eignet sich das Mörsern mit feinem Sand oder unter Zugabe von flüssigem Stickstoff. Bei allen Varianten ist es wichtig zu beachten, dass durch den mechanischen Zellaufschluss Enzyme freigesetzt werden, die in der Lage sind, DNA abzubauen (**DNasen,** → *Kapitel 4.1*). Die Aktivität dieser DNasen kann durch Zusatz eines Extraktionspuffers gehemmt werden. Dieser Puffer hat darüber hinaus die Funktion, den pH-Wert konstant zu halten, das Material weiter chemisch aufzuschließen oder DNA-gebundene Proteine abzubauen. Ein Beispiel für einen Extraktionspuffer zur Isolierung genomischer DNA ist in der Methodenbox 5.1 zu finden.

Methodenbox 5.1. Extraktion von genomischer DNA aus Gewebe

(„CTAB-Methode", modifiziert nach Reineke et al. 1998)

- 100 mg Gewebe in einem vorgekühlten Mörser in flüssigem Stickstoff zerkleinern;
- Zellpulver in 1 ml TES-Extraktionspuffer (100 mM Tris-HCl, pH 8,0, 10 mM EDTA, 2 % SDS) suspendieren;
- 10 μl Proteinase K (20 mg/ml) hinzufügen;
- Lösung für 1 h bei 55 bis 60 °C unter gelegentlichem Mischen inkubieren;
- 280 μl 5 M Natriumchlorid (Endkonzentration 1,4 M) und 128 μl 10 % CTAB hinzufügen;
- Lösung für 10 min bei 65 °C inkubieren;
- Lösung mit dem gleichen Volumen eines Chloroform-Isoamylalkohol-Gemisches (Verhältnis 24 : 1) versetzen, mischen und 30 min auf Eis inkubieren;
- 15 min bei 4 °C und 14 000 rpm zentrifugieren;
- Überstand in ein neues Gefäß überführen und 450 μl einer 5 M Ammoniumacetat-Lösung hinzufügen, mischen und für mindestens 30 min auf Eis inkubieren;
- Ansatz für 20 min bei 4 °C und 14 000 rpm zentrifugieren;
- Obere Phase in neues Gefäß überführen, mit 0,1 Volumen 3 M Natriumacetat-Lösung (pH 4,8) und 2,5 Volumen Ethanol versetzen;
- Ansatz für mehrere Stunden bei −20 °C inkubieren;
- Für 20 min bei 14 000 rpm zentrifugieren;
- DNA-Pellet zweimal mit kaltem 70 % Ethanol spülen;
- DNA-Pellet für 10 bis 30 min bei 37 °C trocknen und in 50 bis 100 μl TE-Puffer (10 mM Tris-HCl, 1 mM EDTA, pH 8,0) aufnehmen.

Im nächsten Schritt müssen alle **Zellbestandteile außer der gewünschten Nukleinsäure entfernt** werden. Grobe Zellreste bzw. unlösliche Zelltrümmer lassen sich durch eine **Zentrifugation** von den übrigen Zellbestandteilen abtrennen, Proteine und Kohlenhydrate verbleiben aber weiterhin in der Lösung. Wenn es sich um sehr kohlenhydratreiches Gewebe handelt, so können die Kohlenhydrate einfach durch Zugabe von z.B. CTAB (Abkürzung für **C**etyl**t**rimethyl**a**mmonium **B**romid) komplexiert und so aus der Lösung entfernt werden. Die Entfernung von **Proteinen** gestaltet sich dagegen etwas schwieriger, da diese häufig direkt an Nukleinsäuren gebunden sind (ein Beispiel wären Histone, → *Kapitel 1.3*). Um DNA von Proteinen zu trennen, wird dem Extraktionspuffer zum einen **SDS** (Abkürzung für **S**odium-**d**odecyl**s**ulfat, vergleichbar mit Seife) als Detergenz hinzugesetzt, das die Interaktionen zwischen Nukleinsäuren und Proteinen auflöst. Des weiteren wird als Enzym **Proteinase K** zugegeben, wodurch die Proteine hydrolysiert werden. Um diese schließlich zu denaturieren und als „Klumpen" aus der Lösung auszufällen, bietet sich als Standardmethode eine Extraktion mit dem organischen Lösungsmittel **Phenol** oder mit einem Gemisch aus Phenol und Chloroform an.

Bei einer Phenol-Extraktion wird dieses der Lösung zugesetzt, das Ganze gut gemischt und zentrifugiert. Bei der Zentrifugation entstehen dann drei Phasen: Als untere Schicht finden wir die organische Phase mit dem Phenol, der die denaturierten, verklumpten und ausgefällten Proteine als Zwischenschicht oder Interphase (meist mit weißlicher Färbung) aufliegen. In der oberen wässrigen Phase befinden sich die hydrophilen Nukleinsäuren (DNA und RNA), die im Anschluss an die Zentrifugation einfach abpipettiert und in ein neues Reaktionsgefäß überführt werden können. Enthalten die Zellen sehr viel Protein, so muss dieser Extraktionsschritt eventuell wiederholt werden.

Für manche Anwendungen ist es zudem nötig, auch die RNA aus der Lösung zu entfernen. Hierfür bietet sich an dieser Stelle ein „Verdau" (→ *Kapitel 4.2*) mit Ribonuklease **(RNase)** an, einem Enzym, das RNA sehr schnell abbaut (→ *Kapitel 4.1*).

Nun befindet sich unsere gewünschte DNA meist stark verdünnt in wässriger Lösung. Um sie weiter zu reinigen und aufzukonzentrieren, muss die DNA aus der Lösung ausgefällt werden. Eine gängige Methode hierfür ist die **Ausfällung mit Alkoholen.** Als Alkohol setzt man der Lösung meist Ethanol oder Isopropanol hinzu. Der Alkohol verdrängt die Wasserhülle der DNA, so dass die negativ geladenen Phosphatgruppen freigesetzt werden. Da vor der Alkoholzugabe noch ein **Salz** (z. B. NaCl oder NH_4Ac) zu der Lösung gegeben wird, neutralisieren nun die einwertigen Kationen (Na^+ oder NH_4^+) die negativen Ladungen der DNA. Dadurch fällt diese aus der Lösung aus. Nach einer anschließenden Zentrifugation liegt die DNA als so genanntes **Pellet** am Boden des Zentrifugenröhrchens vor. Für das weitere Arbeiten wird sie dann in einer kleinen Menge einer schwachen Pufferlösung oder auch nur in sterilem Wasser wieder aufgelöst.

Isolierte DNA kann für kürzere Zeit bei Raumtemperatur oder bei 4 °C gelagert werden. Für eine längere Aufbewahrung empfiehlt es sich, die DNA-Lösung bei −20 °C einzufrieren.

5.2 Isolierung von Plasmid- und Phagen-DNA

Plasmide und Bakteriophagen werden ausführlich im Kapitel 7.1 im Zusammenhang mit den Prinzipien und Methoden der DNA-Klonierung vorgestellt. Wir wollen aber schon an dieser Stelle auf die Isolierung ihrer DNA eingehen, weil uns diese zu Beginn und am Ende eines Klonierungsexperiments in reiner Form zur Verfügung stehen muss. Im Prinzip verläuft eine Isolierung von Plasmid- oder Phagen-DNA ganz ähnlich wie das im vorangegangenen Abschnitt vorgestellte Verfahren zur Extraktion gesamt-genomischer DNA; die wenigen speziellen Besonderheiten werden im Folgenden aufgeführt.

Plasmide sind kleine, ringförmige DNA-Moleküle, die in Bakterienzellen häufig zusätzlich zur chromosomalen DNA vorkommen (→ *Kapitel 7.1.1*). Wollen wir **Plasmid-DNA** isolieren, so müssen wir sie von der chromosomalen **Bakterien-DNA** trennen. Dabei können wir folgende Eigenschaften beider DNA-Typen nutzen: Plasmid-DNA und chromosomale Bakterien-DNA unterscheiden sich vor allem bezüglich der Größe (erstere ist wesentlich kleiner) und der so genannten **Konformation.** Unter Konformation verstehen wir in diesem Zusammenhang die dreidimensionale Anordnung und Form eines Makromoleküls. Die DNA der Plasmide kann zwei mögliche Konformationen annehmen: Zum einen kann Plasmid-DNA in einer **offen-ringförmigen** (engl.: open-circular) Form vorkommen, meistens liegt sie aber als **überspiralisierte** DNA (engl.: supercoiled) in der Bakterienzelle vor.

Die unterschiedlichen Größen von Plasmid- und Bakterien-DNA und deren Konformationen werden nun bei einem Verfahren zur Isolierung von Plasmid-DNA ausgenutzt, das **Alkalidenaturierung** genannt wird. Das Prinzip dieser Methode beruht darauf, dass Plasmid- und Bakterien-DNA bei einem pH-Wert von 12,0 bis 12,5 denaturiert werden, wobei nur die kleinere Plasmid-DNA aufgrund ihrer Konformation anschließend wieder in der Lage ist, vollständig und korrekt zu renaturieren. Also geben wir an einem bestimmten Punkt der Plasmid-DNA-Extraktion eine alkalische Verbindung, meist NaOH, zu der Lösung, heben dadurch den pH-Wert deutlich an und denaturieren sowohl die chromosomale Bakterien-DNA und die Plasmid-DNA als auch alle Proteine. Anschließend wird die Lösung mit Kaliumacetat neutralisiert, wobei die große Bakterien-DNA einzelsträngig bleibt, während die Plasmid-DNA wieder korrekt renaturiert. Die denaturierte Bakterien-DNA fällt zusammen mit Proteinen, Zellresten etc. aus der Lösung aus, die Plasmid-DNA verbleibt aber in der wässrigen Phase und kann durch Zentrifugation von den übrigen ausgefallenen Bestandteilen getrennt werden. Man nennt dieses Verfahren auch **alkalische Lyse** oder Plasmidpräparation nach Birnboim & Doly. Die nötigen Arbeitsschritte für eine Präparation von Plasmid-DNA nach diesem Verfahren sind im Einzelnen in der Methodenbox 5.2 aufgeführt.

Bakteriophagen sind Viren, die ganz spezifisch Bakterienzellen befallen und diese im Verlauf der Infektion auflösen oder **lysieren.** Im Gegensatz zur chromosomalen Bakterien-DNA ist die virale DNA in einer Schützhülle aus Proteinen eingeschlossen (**Capsid,** → *Kapitel 7.1.2*), was eine Trennung von bakterieller DNA erleichtert.

Im Allgemeinen läuft eine Isolierung von Phagen-DNA nach folgendem Grundschema ab: Zunächst wird eine Bakterienkultur mit Phagen infiziert und herangezogen. Die Phagen lysieren im Infektionsverlauf die Bakterienzellwände, so dass sowohl chromosomale Bakterien-DNA als auch Bakteriophagen frei werden. Nun können wir die bakterielle DNA durch eine Behandlung mit DNasen (→ *Kapitel 4.1*) vollständig abbauen – die Phagen-DNA befindet sich in diesem Stadium ja noch in ihrer schützenden Proteinhülle verpackt! Im Anschluss an eine Zentrifugation, die die übrig gebliebenen Bakterienbestandteile von den Bakteriophagen trennt,

---

Methodenbox 5.2. Plasmidpräparation nach BIRNBOIM & DOLY (1979)

Vorbemerkung: Für die Transformation der Bakterien wurde ein Vektor eingesetzt, der ein Ampicillin-Resistenzgen trägt.

- Einzelne rekombinante Bakterienkolonien über Nacht in 3 ml LB-(Luria-Bertani-)Medium (pro 1 l: 10 g Trypton, 5 g Hefeextrakt, 10 g $NaCl_2$, pH 7,5) mit 0,6 µl Ampicillin (100 mg/ml) bei 37 °C unter Schütteln wachsen lassen;
- 1,5 ml der Bakterienkultur bei 6000 rpm für 2 bis 5 min abzentrifugieren;
- Pellet in 200 µl Lösung I (50 mM Glucose, 25 mM Tris-HCl, pH 8,0, 10 mM EDTA) suspendieren, 5 min bei Raumtemperatur inkubieren;
- zu Suspension 200 µl Lösung II (0,2 N NaOH, 1 % SDS) geben, sofort gründlich vermischen und exakt 5 min auf Eis inkubieren;
- zu den Lysaten 150 µl eiskalte Lösung III (3 M KaAc, pH 5,2) geben, gründlich vermischen, 5 min auf Eis inkubieren;
- 10 min bei 13000 rpm zentrifugieren;
- Überstand in neues Reaktionsgefäß überführen und mit 600 µl Isopropanol mischen;
- 15 min bei Raumtemperatur inkubieren, 5 min bei 13000 rpm zentrifugieren;
- DNA-Pellet zweimal mit kaltem 70%igen Ethanol spülen;
- DNA-Pellet für 10 bis 30 min bei 37 °C trocknen und in 50 µl TE-Puffer (10 mM Tris-HCl, 1 mM EDTA, pH 8,0) aufnehmen.

---

muss die Phagen-DNA nur noch aus dem Capsid „entlassen" werden. Hierfür kann eine einfache Phenolextraktion eingesetzt werden, die zu einer Denaturierung der Capsid-Proteine und damit zur Freisetzung der Phagen-DNA führt. Mit dieser Phagen-DNA können wir dann, wie im Abschnitt 5.1 beschrieben, weiter fortfahren: Sie wird über eine Alkoholfällung aufkonzentriert und in einer geringen Menge sterilen Wassers oder in Puffer resuspendiert.

5.3 Isolierung von RNA und mRNA

Die beiden Nukleinsäuren DNA und RNA sind sich zwar chemisch recht ähnlich, dennoch müssen wir das Vorgehen bei der Extraktion von DNA und RNA getrennt betrachten. Beim Umgang mit RNA bzw. bei der Isolierung von RNA aus Geweben bedarf es nämlich bestimmter Vorsichtsmaßnahmen, die bei einer DNA-Extraktion nicht nötig sind. Ein Grund dafür ist das Vorkommen von RNA-abbauenden Enzymen (**RNasen,** → *Kapitel 4.1*). Im Vergleich zu den ebenfalls in der Zelle vorkommenden DNasen sind RNasen wesentlich stabiler und aktiver. So lassen sie sich z.B. durch Hitzeeinwirkung nicht irreversibel denaturieren und benötigen keine Cofaktoren wie z.B. Mg^{2+}, um aktiv zu sein. Bei der Isolierung von RNA sollte also eine Kontamination des Ansatzes mit RNasen tunlichst vermieden werden.

Man kann RNasen jedoch durch bestimmte Stoffe inaktivieren: Die wohl am weitesten verbreitete Methode hierfür ist die Behandlung aller Lösungen mit **Diethylpyrocarbonat (DEPC).** DEPC zerstört die Aktivität der RNasen, indem es kovalent an primäre und sekundäre Amine wie z.B. an Histidin-Seitenketten in den aktiven Zentren dieser Enzyme bindet. Es ist allerdings auch für den Anwender nicht ungefährlich (krebsauslösend) und sollte daher mit entsprechender Vorsicht verwendet werden. Um Lösungen mit DEPC zu behandeln, gibt man $^1/_{1000}$ Volumen (0,1 %) DEPC zu, mischt gut, inkubiert über Nacht bei 37 °C und autoklaviert anschließend die Lösung. Das überschüssige DEPC zerfällt dabei in die beiden flüchtigen Produkte CO_2 und Ethanol. Diese Entfernung ist wichtig, da das DEPC sonst in nachfolgenden Experimenten störend wirken könnte.

Soweit zu den Vorbemerkungen – der Ablauf der eigentlichen RNA-Extraktion entspricht in seinen wesentlichen Schritten denen der DNA-Isolierung. Die Zellen oder Gewebe, aus denen RNA isoliert werden soll, werden meist in flüssigem Stickstoff schockgefroren und zerkleinert. Anschließend wird das so entstandene Pulver möglichst rasch in einem Puffer aufgelöst, der in vielen Fällen **Guanidinisothiocyanat (GTC)** enthält. GTC ist ein chaotropes Salz; dies bedeutet, dass es sehr effektiv Proteine (u.a. sogar RNasen!) denaturiert und inaktiviert. Anschließend führt man eine Phenol-Extraktion durch und fällt die RNA aus dem wässrigen Überstand durch eine Alkoholfällung aus.

Isolierte RNA kann wie DNA gelagert werden; wegen möglicher Kontamination mit RNasen empfiehlt sich aber für eine längerfristige Lagerung das Einfrieren der Proben bei −70 °C. In der Methodenbox 5.3 ist die so genannte „Single-Step-Methode" zur Isolierung von RNA aus verschiedenen Geweben aufgeführt.

Methodenbox 5.3. Extraktion von RNA aus Gewebe

("Single-Step Methode", CHOMCZYNSKI & SACCHI 1987)

- 100 mg Gewebe in einem vorgekühlten Mörser in flüssigem Stickstoff zerkleinern;
- Zellpulver in 1 ml GTC-Lösung (4 M Guanidinisothiocyanat, 25 mM Natriumcitrat pH 7,0, 0,5 % (w/v) N-Laurylsarcosin, 0,1 M ß-Mercaptoethanol) lösen, gut mischen;
- nach und nach dazufügen und dazwischen immer wieder gut mischen:
  - ∘ 100 µl 2 M Natriumacetat
  - ∘ 1 ml Phenol
  - ∘ 200 µl Chloroform
- Lösung etwa 10 s lang gut schütteln und für 15 min auf Eis inkubieren;
- 15 min bei 4 °C und 10 000 rpm zentrifugieren;
- wässrigen Überstand in ein neues Gefäß überführen und ein gleiches Volumen Isopropanol hinzufügen, mischen und für mindestens 30 min (besser über Nacht) auf Eis inkubieren;
- 15 min bei 4 °C und 10 000 rpm zentrifugieren;
- RNA-Pellet mit kaltem 70 % RNase-freiem Ethanol spülen;
- RNA-Pellet bei 65 °C für etwa 10 min trocknen und in 50 bis 100 µl RNase-freiem H_2O lösen.

Die gesamte zelluläre RNA setzt sich aus ungefähr 80 % rRNA, 15 % tRNA und 2 bis 5 % mRNA zusammen (→ *Kapitel 3.1* und *3.3*). Oft wollen wir im Anschluss an eine Isolierung der Gesamt-RNA eine weitere Aufreinigung der **mRNA** durchführen, da diese ja die eigentlichen Sequenzinformationen für die Synthese von Proteinen enthält (→ *Kapitel 3.1* und *3.3*) und somit den für uns interessantesten RNA-Typ repräsentiert.

Für die Isolierung (d. h. eigentlich Abtrennung) der mRNA aus der bereits extrahierten Gesamt-RNA von Eukaryonten kann man eine wichtige Eigenschaft der mRNA nutzen, die wir schon in Kapitel 3.1.1 kennen gelernt haben: Fast alle eukaryontischen mRNAs besitzen einen **Poly-A-Schwanz** an ihrem 3'-Ende. Diese adenosinreichen Sequenzen der mRNA werden bei Zugabe von Thymidin-Nukleotiden an diese binden, so dass man sie dadurch gewissermaßen aus der Gesamt-RNA „herausfischen" kann. Praktisch setzt man hierzu so genannte Desoxythymidin-Oligonukleotide **(Oligo-dT-Nukleotide)** ein, die z. B. an eine Zellulosematrix gebunden sind (Abbildung 5.1). Diese Zellulosematrix wird in eine Säule gefüllt, die Gesamt-RNA wird hinzugegeben und läuft durch die Säule hindurch. Hierbei bleiben nur die mRNAs mit ihren Poly-A-Schwänzen an der Oligo-dT-Zellulose hängen, während die übrigen RNA-Typen durch die Zellulose hindurch und damit aus der Säule heraus laufen. Nach ein paar anschließenden Waschschritten wird dann die mRNA wieder von der Oligo-dT-Zellulose getrennt, indem Wasser oder eine schwach gepufferte Lösung auf die Säule aufgetragen wird. Dadurch wird die Bindung zwischen den Poly-A-Schwänzen der mRNAs und der Oligo-dT-Zellulose aufgelöst, die so gereinigte mRNA fließt aus der Säule heraus und muss nur noch in einem sauberen Gefäß aufgefangen werden.

Abb. 5.1.
Aufreinigung von mRNA mit Hilfe von Oligo-dT-Säulen.

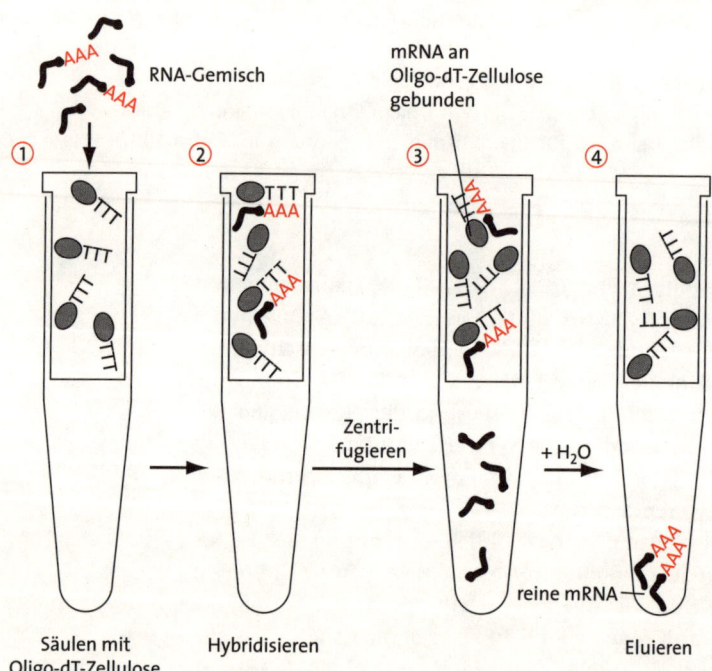

5.4 Reverse Transkription (cDNA-Synthese)

Für zahlreiche gentechnische Experimente und Fragestellungen ist es wichtig, nur mit denjenigen Sequenzen zu arbeiten, die auch tatsächlich für ein Gen codieren, also z.B. keine Introns mehr enthalten. Dies bedeutet, dass für solche

Fragestellungen mit der mRNA gearbeitet werden sollte. Nun lassen sich gewisse Experimente, wie z. B. Klonierungen (→ *Kapitel 7*) und PCR (→ *Kapitel 8*), nicht mit mRNA durchführen – wir müssen die mRNA hierfür zunächst in DNA umschreiben. Man bezeichnet diese DNA dann als **komplementäre DNA** oder **cDNA** (engl.: complementary DNA).

Da cDNAs auf der Vorlage einer mRNA entstanden sind, enthalten sie – im Gegensatz zur „ursprünglichen" DNA – keine Introns (nicht codierende Sequenzen) mehr. Bei der „Rückübersetzung" von mRNA in cDNA, der cDNA-Synthese, bedient man sich eines Enzyms, das natürlicherweise bei den Retroviren vorkommt, der so genannten **Reversen Transkriptase (RT).** Die Erbsubstanz dieser Viren besteht nur aus RNA. Mit Hilfe der Reversen Transkriptase stellen Retroviren aus ihrer RNA eine DNA-Kopie her, die dann in das Genom der Wirtszelle eingebaut wird.

Reverse Transkriptasen benötigen wie die bereits in den vorhergehenden Kapiteln vorgestellten Polymerasen einen **Primer** als Starthilfe. Auch hier nutzt man häufig wieder den bei eukaryontischen mRNAs vorhandenen Poly-A-Schwanz, um an diesen einen **Oligo-dT-Primer,** bestehend aus etwa 15 bis 25 Thymidin-Nukleotiden, binden zu lassen (Abbildung 5.2). Dieser Primer hybridisiert nun an den Poly-A-Schwanz der mRNA und die Reverse Transkriptase nutzt ihn als Starthilfe, um einen cDNA-Strang zu synthetisieren, der komplementär zu dem mRNA-Vorlagenstrang ist. Diese Reaktion findet je nach Temperaturoptimum der

Abb. 5.2.
Synthese von cDNA mit Hilfe von Oligo-dT-Primern.

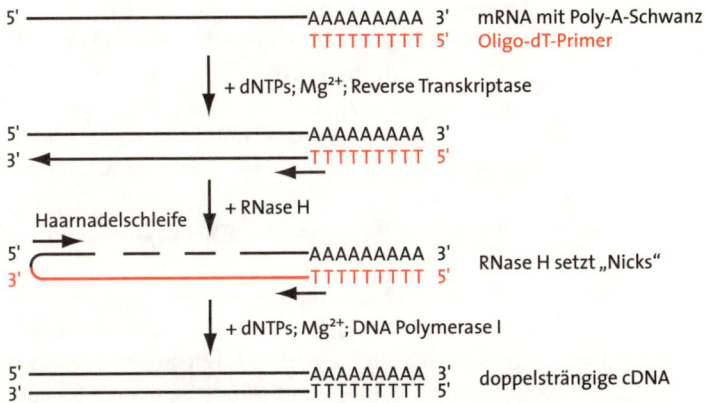

verwendeten Reversen Transkriptase für die Dauer von etwa 1 h bei 37 bis 42 °C statt. Anschließend wird der verbleibende mRNA-Strang durch Behandlung mit RNase H teilweise abgebaut. Auf diese Art entsteht einzelsträngige cDNA, die auch **Erststrang-cDNA** genannt wird. Für die Synthese des zweiten cDNA-Stranges wird nun das uns bereits bekannte Enzym **DNA-Polymerase I** eingesetzt, so dass am Ende der Reaktion im Reaktionsgefäß eine doppelsträngige cDNA vorliegt. In diesem zweiten Schritt der cDNA-Synthese werden wiederum Primer für die Polymerase benötigt. Hierfür dienen entweder die nach der RNAse H-Behandlung noch verbleibenden kurzen RNA-Fragmente oder aber so genannte **Haarnadelschleifen,** die sich vorübergehend am 3'-Ende der Erststrang-cDNA bilden können. Nach Abschluss der cDNA-Synthese werden diese Haarnadelschleifen dann mit Hilfe einer einzelstrangspezifischen Nuklease wieder gespalten.

5.5 Bestimmung der Nukleinsäure-Konzentration

Im Anschluss an eine Nukleinsäure-Extraktion will man häufig den Erfolg der Arbeit überprüfen, also wissen, ob und wie viel DNA oder RNA isoliert worden sind. Ein gängiges Verfahren zur Bestimmung der Nukleinsäure-Konzentration ist das **Messen der optischen Dichte** der Lösung in einem Photometer. Dabei wird die Menge an ultravioletter Strahlung gemessen, die von einer Nukleinsäure-Lösung bei einer Wellenlänge von 260 nm (A_{260}) absorbiert wird. Eine optische Dichte (**OD_{260}**) von 1,0 entspricht 50 µg/ml doppelsträngiger DNA bzw. 40 µg/ml RNA.

Weiterhin kann man anhand einer Messung bei zwei verschiedenen Wellenlängen (260 nm und 280 nm) eine Aussage über die Reinheit der DNA- oder RNA-Lösung treffen: Eine proteinfreie DNA-Lösung weist ein Verhältnis von A_{260} zu A_{280} von 1,8 bis 2,0 auf, bei reiner RNA liegt dieser Wert zwischen 1,9 und 2,1.

Eine weitere Möglichkeit, die Konzentration einer DNA-Lösung zu bestimmen, ist das Auftragen der Proben auf einem **Agarosegel** und die Durchführung einer Elektrophorese. Die Details zur Theorie und Herstellung solcher Gele werden im folgenden Kapitel näher beschrieben – hier sei nur gesagt, dass man über einen Vergleich der Bandenintensität der zu untersuchenden Probe und denen eines bekannten DNA-Mengenstandards (evt. in unterschiedlichen Verdünnungen) ebenfalls eine Aussage über die DNA-Konzentration der betreffenden Probe treffen kann.

6 Gelelektrophoresen

Aus der Praxis der Molekularbiologie und Biotechnologie sind Gelelektrophoresen nicht mehr wegzudenken. Unter dem Stichwort **Elektrophoresen** werden im Allgemeinen solche Techniken zusammengefasst, bei denen geladene Teilchen im elektrischen Feld wandern und so voneinander getrennt werden. Wie wir im Kapitel 1.1 erfahren haben, verhalten sich Nukleinsäuren elektrisch nicht neutral, sondern sind aufgrund ihres Phosphatrests negativ geladen. Demnach werden DNA und RNA bei Anlegen eines elektrischen Feldes immer zum Pluspol (Anode) wandern.

Bei Gelelektrophoresen wird nun ein elektrisches Feld an einen bestimmten Trägerstoff, ein *„Gel"*, angelegt, auf dem die betreffenden Nukleinsäuren zuvor aufgetragen worden sind. Dieser Träger – Agarose oder Polyacrylamid – fungiert als eine Art Molekularsieb, d.h. die Wanderung der Nukleinsäuren im elektrischen Feld wird erschwert, wobei die Wandergeschwindigkeit von der Molekülgröße (bzw. dem Molekulargewicht) der aufzutrennenden Stoffe abhängig ist. Trägt man ein Gemisch von Nukleinsäuren unterschiedlicher Größe auf ein Gel auf und legt eine elektrische Spannung an, so werden kleinere Moleküle schneller durch die engen Poren des Siebs hindurch wandern als größere. Die Nukleinsäuren sammeln sich während dieser Trennung in so genannten *„Banden"*, die jeweils Fragmente gleicher Größe enthalten – im Gel entsteht also ein **Bandenmuster.** Der schematische Aufbau solch einer Gelelektrophorese ist in Abbildung 6.1 dargestellt.

Wird parallel zu den aufzutrennenden Nukleinsäuren noch ein Molekulargewichtsstandard (ein Gemisch aus DNA- oder RNA-Fragmenten mit bekannten Molekulargewichten) auf das Gel mit aufgetragen, so kann man über ei-

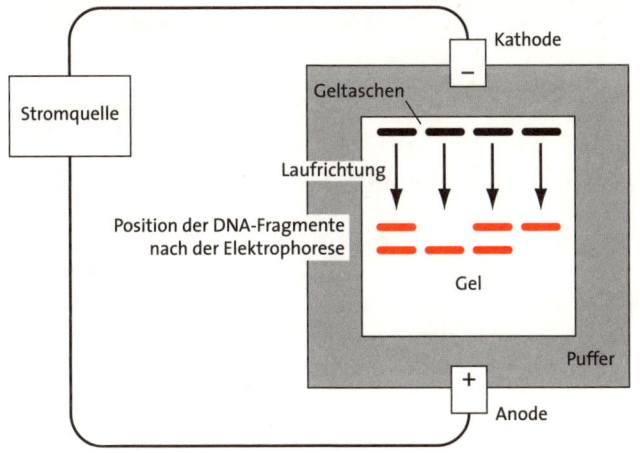

Stromquelle

Kathode

Geltaschen

Laufrichtung

Position der DNA-Fragmente
nach der Elektrophorese

Gel

Puffer

Anode

Abb. 6.1.
*Schematischer Aufbau einer
Gelelektrophorese.*

nen Vergleich der Position der Banden des Standards und
der jeweiligen Probe das Molekulargewicht der unbekannten Banden bestimmen.

Alle Reaktionsansätze oder Nukleinsäure-Präparationen
werden übrigens vor dem Auftragen auf das Gel noch mit
einem **Ladepuffer** („loading dye") versehen. Dieser Puffer
bewirkt, dass die Proben z. B. durch Zusatz von Glycerin „be-
schwert" werden. Ihre Dichte wird also verändert, so dass
die Proben auch tatsächlich nach dem Beladen vorerst in
den jeweiligen Geltaschen (Abbildung 6.1) verbleiben. Zudem verleiht der Ladepuffer dem Reaktionsansatz (nicht den
darin enthaltenen Nukleinsäuren!) eine Färbung (z. B. blau
durch Zusatz von Bromphenolblau), wodurch das Auftragen
der bis dahin farblosen Proben in die Geltaschen erleichtert
wird. Außerdem wandert dieser Farbstoff während der elektrophoretischen Auftrennung als farbige Bande (unabhängig
von den Nukleinsäuren) im Gel mit und gibt so einen An
haltspunkt, an welcher Stelle sich Banden mit entsprechender Größe im Gel befinden: Der Farbstoff Bromphenolblau
wandert in einem 1 %igen Agarosegel etwa auf der Höhe wie
ein 300 bp großes DNA-Fragment.

6.1 Trägerstoffe für Gelelektrophoresen

6.1.1 Agarosegele

Agarose ist ein gelierfähiges Polysaccharid, das aus Rotalgen isoliert wird und den am häufigsten eingesetzten Trägerstoff für Gelelektrophoresen darstellt. In Agarosegelen lassen sich Fragmente mit Größen von etwa 0,1 bis 30 kb voneinander trennen, wobei die Agarosekonzentration den jeweiligen Trennbereich bestimmt. Agarose wird dem Gel üblicherweise in Konzentrationen von 0,5 bis 2 % zugesetzt. Je kleinere Fragmente voneinander getrennt werden sollen, umso höher muss die Agarosekonzentration des Gels sein. In der Tabelle 6.1 sind die wirksamen Trennbereiche für lineare DNA-Moleküle in Agarosegelen aufgeführt. Sollen z.B. zwei Fragmente voneinander getrennt werden, die 10 und 12 kb groß sind, wird hierfür ein 0,6%iges Agarosegel eingesetzt, während die Trennung von Fragmenten mit einer Größe von 0,1 und 0,2 kb in einem 2%igen Gel erfolgt.

Tabelle 6.1. Trennbereich für lineare DNA-Moleküle in Abhängigkeit von der Agarosekonzentration

Agarose % (w/v) im Gel	Trennbereich für DNA-Moleküle (kb)
0,3	5,0 – 30,0
0,6	1,0 – 20,0
0,7	0,8 – 10,0
0,9	0,5 – 7,0
1,2	0,4 – 6,0
1,5	0,2 – 3,0
2,0	0,1 – 2,0

Für die Herstellung eines Agarosegels wird die pulverförmige Agarose in Gegenwart des gewünschten Puffers geschmolzen und im flüssigen Zustand in den Gelträger gegossen. Nach dem Erkalten erstarrt Agarose zu einer milchig-trüben Gelmatrix. Ein zuvor eingeführter „Gelkamm" erzeugt in der festen Matrix „Geltaschen", in welche die Proben auf das Gel aufgetragen werden können.

6.1.2 Polyacrylamidgele

Quervernetztes (polymerisiertes) Acrylamid bildet den Trägerstoff für eine weitere Gelmatrix, die Polyacrylamidgele. Im Gegensatz zu Agarosegelen haben diese den Vorteil, dass sie auch sehr, sehr kleine Fragmente sauber voneinander trennen können. So ist es auf einem Polyacrylamidgel sogar möglich, DNA-Moleküle voneinander zu separieren, die sich in ihrer Größe nur um ein einziges Nukleotid unterscheiden. Der Trennbereich von Polyacrylamidgelen liegt entsprechend zwischen etwa 5 bp und 1000 bp, bei Acrylamidkonzentrationen von 3,5 bis 20 %. Polyacrylamidgele sind im Allgemeinen sehr dünn, was ihre Handhabung im Vergleich zu Agarosegelen erschwert. Außerdem ist Acrylamid in nicht polymerisiertem Zustand ein Nervengift, was ganz besondere Vorsichtsmaßnahmen beim Gießen der Gele und Säubern der Gelkammern erfordert. Polyacrylamidgele werden u. a. für die Sequenzierung von Nukleinsäuren (→ *Kapitel 9*) sowie für die Auftrennung von Proteingemischen eingesetzt.

6.2 Nachweis der Nukleinsäuren in einem Gel

Sind Nukleinsäuren auf einem Agarose- oder Polyacrylamidgel aufgetragen und ihrer Größe entsprechend voneinander getrennt worden, so müssen wir sie für uns sichtbar machen, um die entstandenen Bandenmuster entsprechend auswerten zu können. Die gängigste Methode hierfür ist die Anfärbung mit **Ethidiumbromid.** Dieser Farbstoff hat die Eigenschaft, an Nukleinsäure-Moleküle zu binden, indem er sich zwischen benachbarte Basenpaare setzt. Man sagt auch, dass Ethidiumbromid in die DNA-Doppelhelix **interkaliert.** Ethidiumbromid ist für uns nur im ultraviolettem Licht sichtbar, da es dort fluoresziert. Damit wird also auch indirekt die mit dem Ethidiumbromid verbundene Nukleinsäure unter UV-Licht erkennbar.

In der Praxis wird das Gel entweder nach der elektrophoretischen Auftrennung für 10 bis 15 min in eine Färbeschale mit einer Konzentration von 0,5 µg Ethidiumbromid/ml Wasser gelegt und danach mit Wasser für etwa 30 min wieder entfärbt, oder Ethidiumbromid wird dem Gel direkt vor der eigentlichen Elektrophorese in sehr geringen Konzentrationen (etwa 0,1 µg/ml) zugegeben. Anschließend wird das

Gel mit UV-Licht beleuchtet und das nun sichtbare Nukleinsäure-Bandenmuster fotografisch dokumentiert (Abbildung 6.2). Mit Ethidiumbromid können Mengen ab etwa 5 ng DNA pro Bande nachgewiesen werden.

Der Nachteil der Verwendung von Ethidiumbromid liegt in seiner nachgewiesenen Mutagenität – es bedarf also einiger Vorsicht beim Umgang mit dieser Substanz. Hierzu gehört das Tragen von Einmalhandschuhen, ein gesonderter Arbeitsbereich zum Anfärben der Gele sowie besondere Maßnahmen bei der Entsorgung von Ethidiumbromid-haltigen Lösungen und Stoffen.

Abb. 6.2.
Foto eines Agarosegels nach elektrophoretischer Auftrennung unterschiedlich großer DNA-Fragmente. Durch Färbung des Gels mit Ethidiumbromid „leuchten" die DNA-Banden unter UV-Licht. M bezeichnet einen Molekulargewichtsstandard. Die Größe von vier Banden des Standards ist angegeben.

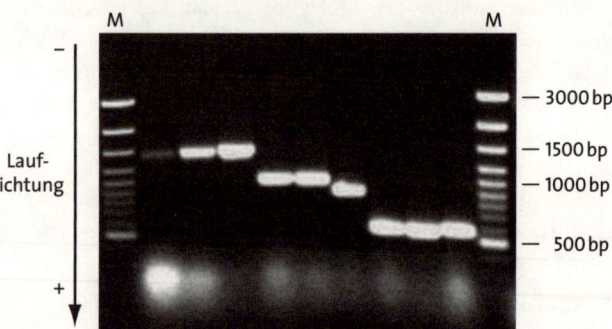

Eine Alternative zur Anfärbung der DNA oder RNA in Gelen stellt die Verwendung von Silbernitrat dar **(„Silberfärbung"):** Hierbei gehen Silber-Ionen einen Komplex mit Nukleinsäuren (und auch Proteinen) ein. Wird das Silber anschließend reduziert, fällt es aus, und es entsteht ein braunschwarzer Niederschlag auf dem Gel. Eine Silberfärbung ist zwar einiges empfindlicher als die Färbung mit Ethidiumbromid, d. h. auch sehr geringe Mengen DNA oder RNA können nachgewiesen werden, andererseits ist der Zeitbedarf – je nach verwendetem Protokoll – wesentlich höher anzusetzen.

6.3 Isolierung von DNA-Fragmenten aus Gelen

In manchen Fällen möchte man nach erfolgter Elektrophorese nicht nur Bandenmuster dokumentieren und auswerten, sondern auch einzelne DNA-Fragmente für weitere Untersuchungen und Experimente gewinnen. Dies ist z. B. häufig bei solchen DNA-Fragmenten der Fall, die durch eine Polymerasekettenreaktion ($\rightarrow$ *Kapitel 8*) entstanden sind. Damit muss also die DNA der betreffenden Bande aus dem Agarose- oder Polyacrylamidgel isoliert werden. Hierfür darf das Gel nur kurz mit UV-Licht beleuchtet werden, da die DNA auf dem Gel durch die UV-Strahlung beschädigt werden kann und damit für viele Folgeexperimente unbrauchbar wird. Die entsprechende Bande wird also unter UV-Licht mit einem Skalpell aus dem Gel ausgeschnitten und die DNA aus dem Gelstückchen isoliert. Hierfür stehen verschiedene Methoden zur Verfügung; als Beispiel ist in der Methodenbox 6.1 der Einsatz einer Silica-Suspension (**„Glasmilch"**) zur Isolierung von DNA-Fragmenten aus Agarosegelen aufgeführt.

Methodenbox 6.1. Isolierung von DNA-Fragmenten aus Agarosegelen

(„Glasmilch-Methode" nach VOGELSTEIN & GILLESPIE 1979)

- Agarosegelstück wiegen, dabei entspricht 0,1 g Gelstück 100 µl Flüssigkeitsvolumen;
- Agarosegelstück mit 3 bis 5 Volumen 6 M Natriumjodid-Lösung versetzen und 3 bis 5 min bei 50 °C inkubieren, um die Agarose zu schmelzen;
- 5 bis 10 µl (in Abhängigkeit von der erwarteten Ausbeute) gut resuspendierte Glasmilch dazugeben, mischen und für 5 min bei Raumtemperatur inkubieren;
- Lösung kurz (etwa 5 s) zentrifugieren, Überstand verwerfen;
- Glasmilch-Pellet in 200 µl eiskaltem Waschpuffer (0,1 M NaCl, 10 mM Tris pH 7,5, 2,5 mM EDTA, 50 % EtOH) resuspendieren, wieder kurz (etwa 5 s) zentrifugieren und Überstand verwerfen;
- diesen Waschschritt noch zweimal wiederholen, anschließend Pellet bei Raumtemperatur oder 37 °C für 5 bis 30 min trocknen;
- Glasmilch-Pellet in 10 µl H_2O aufnehmen, kurz (etwa 5 s) zentrifugieren, wässrigen Überstand (enthält DNA!) in neues Reaktionsgefäß überführen;
- Glasmilch-Pellet erneut in 10 µl H_2O aufnehmen, kurz (etwa 5 s) zentrifugieren und wässrigen Überstand zu dem ersten Überstand dazugeben.

6.4 Gelelektrophoretische Auftrennung von RNA

Prinzipiell kann RNA genauso wie DNA in Agarose- oder Polyacrylamidgelen aufgetrennt werden. Da bei der Arbeit mit RNA immer eine Kontamination der Lösungen und Gerätschaften mit RNasen (→ *Kapitel 5.3*) vermieden werden sollte, bedarf es allerdings einiger Vorsichtsmaßnahmen. Hierzu gehört z.B. das Behandeln der Lösungen mit DEPC (→ *Kapitel 5.3*) oder eine besondere Reinigung der Elektrophorese-Apparatur. Außerdem werden für die Herstellung von RNA-Gelen denaturierende Bedingungen verwendet, da der RNA-Einzelstrang häufig Sekundärstrukturen (Schleifen, → *Abbildung 1.9*) ausbildet, welche die Laufeigenschaften der RNA im Gel verändern können. Daher denaturiert man einerseits die RNA direkt vor dem Auftragen auf das Gel durch kurzes Erhitzen (3 bis 5 min) bei 65 °C und setzt andererseits dem Gel, dem Elektrophoresepuffer und auch dem Ladepuffer bestimmte Chemikalien hinzu, die verhindern, dass sich die RNA wieder renaturiert; hierfür wird üblicherweise entweder Formaldehyd oder Glyoxal verwendet. In der Methodenbox 6.2 ist eine Rezeptur für die Anfertigung eines RNA-Gels unter Verwendung von Formaldehyd angegeben.

Methodenbox 6.2. Anfertigung eines denaturierenden Agarosegels zur Auftrennung von RNA

- Für ein 1 % Agarosegel 0,3 g Agarose abwiegen und mit 3 ml $10 \times$ FA-Gelpuffer (200 mM MOPS, 5 mM NaAc, 1 mM EDTA, pH 7,0) und 27 ml RNase-freiem H_2O in der Mikrowelle schmelzen;
- Agaroselösung auf 65 bis 70 °C im Wasserbad abkühlen lassen;
- Von einer 37 % Formaldehyd-Lösung 600 µl zu der Agaroselösung unter einem Abzug hinzufügen und Lösung in den Gelträger gießen;
- Agarose für etwa 30 min fest werden lassen;
- Gelträger mit Agarosegel in die Elektrophoresekammer überführen und mit FA-Elektrophoresepuffer (für 1 l: 100 ml $10 \times$ FA-Gelpuffer, 20 ml 37 % Formaldehyd, 880 ml RNase-freies H_2O) überschichten;
- RNA-Proben mit $5 \times$ RNA-Ladepuffer (4 ml $10 \times$ FA-Gelpuffer, 3 ml Formamid, 2 ml 100 % Glycerin, 720 µl 37 % Formaldehyd, 80 µl 500 mM EDTA, pH 8,0, 0,4 % Bromphenolblau) im Verhältnis von 5 : 1 versetzen;
- RNA-Proben für 3 bis 5 min bei 65 °C denaturieren, sofort auf Eis abkühlen und auf das Gel auftragen.

7 Prinzipien und Methoden der DNA-Klonierung

Das Klonieren von DNA-Molekülen – seien es DNA-Fragmente, komplette Gene oder sogar das ganze Genom eines Organismus – stellt im Grunde genommen den Kern gentechnischer Experimente dar.

Der Definition nach versteht man unter Klonieren von DNA den Einbau eines Gens oder DNA-Abschnittes in einen Klonierungsvektor sowie die nachfolgende Vermehrung und Bildung des Genproduktes in einer geeigneten Wirtszelle. Kurz gesagt: Mit einer Klonierung werden DNA-Abschnitte *in vitro* (im Reagenzglas, also außerhalb der Zellen eines Organismus) neukombiniert und vermehrt. Die Neukombination von Nukleinsäuren kann dabei auch über Artgrenzen hinweg erfolgen. Dies ist möglich, weil der genetische Code universell ist und die Vorgänge Transkription und Translation bei allen Organismen gleich ablaufen (→ *Teil I dieses Buches*)! Man bezeichnet den Vorgang eines solchen Austausches von DNA-Sequenzen zwischen verschiedenen Quellen bzw. einer Umverteilung von genetischem Material ganz allgemein als **Rekombination.** Dementsprechend erzeugt man durch das künstliche Zusammenfügen von DNA-Fragmenten unterschiedlicher Herkunft eine so genannte **rekombinante DNA.** Die Methode der DNA-Klonierung wird daher manchmal auch **rekombinante DNA-Technik** genannt.

Wir wollen das DNA-Molekül, das kloniert (also vermehrt) werden soll und dazu in einen Vektor eingefügt werden muss, als **Insert** (engl.: einfügen) bezeichnen. Um eine Klonierung durchführen zu können, bedarf es folgender Komponenten und Arbeitsschritte, auf die wir im Folgenden näher eingehen werden:

- Einen geeigneten Klonierungsvektor, in den das Insert eingefügt wird; man erzeugt dabei rekombinante DNA.
- Wirtszellen (meist Bakterien), in die der Klonierungsvektor (mit Insert) eingeschleust wird.
- Geeignete Bedingungen, unter denen sich die Wirtszellen mit dem Vektor vermehren können.
- Ein Verfahren zur Selektion von rekombinanten Klonen.

7.1 Vektoren: Vehikel für den Gentransfer

Die wichtigste Voraussetzung zur Durchführung einer Klonierung ist das Vorhandensein eines Klonierungsvektors. Ein **Vektor** ist ein Nukleinsäure-Molekül, das in der Lage ist, fremde DNA aufzunehmen und in andere Zellen einzuführen. Man bezeichnet Vektoren auch als „Genfähren", ein Ausdruck, der den Transportcharakter dieser Moleküle treffend beschreibt. In der Praxis werden verschiedene Typen von Vektoren eingesetzt, die sich vor allem in ihrer Klonierungskapazität unterscheiden, d.h. in der Größe der DNA-Moleküle, die sie aufnehmen können (Tabelle 7.1). Nachfolgend wollen wir die Merkmale der gängigsten Klonierungsvektoren näher betrachten.

Vektortyp	Kapazität	Größe der Inserts	Warum Beschränkung der Kapazität?
	**Tabelle 7.1. Beispiele für häufig verwendete Klonierungsvektoren mit Angabe ihrer jeweiligen Aufnahmekapazität und durchschnittlichen Größe der Inserts**		
Plasmide	< 8 kb	Ø 0–6 kb	sonst keine Ringbildung
Phagen	< 25 kb	Ø 5–20 kb	sonst keine Verpackung in Phagenköpfe
Cosmide	< 50 kb	Ø 35–50 kb	sonst keine Verpackung in Phagenköpfe
YACs	< 1000 kb	Ø 200–800 kb	sonst Instabilität bei Mitose und Meiose

7.1.1 Plasmide

Bakterienzellen enthalten neben ihrer eigenen chromosomalen DNA häufig kleine, ringförmige extrachromosomale DNA-Moleküle, so genannte Plasmide. Diese Plasmide besitzen meist bestimmte Eigenschaften, die für die Bakterienzelle nützlich sein können, unter „normalen" Bedingungen aber entbehrlich sind. So weisen gewisse Plasmide ein oder mehrere **Resistenzgene** gegen Antibiotika auf, so dass die Bakterienwirtszelle dementsprechend unempfindlich gegen den jeweiligen antibakteriellen Wirkstoff wird. Eine weitere wichtige Eigenschaft von Plasmiden ist, dass sie in der Lage sind, ihre eigene DNA unabhängig von der genomischen DNA der Bakterienzelle zu vermehren. Sie besitzen hierfür einen eigenen **Replikationsstartpunkt** auf ihrem ringförmigen DNA-Molekül, einen so genannten **ori**gin of replication **(ori).** So viel an dieser Stelle zu den „natürlichen" Plasmiden von Bakterienzellen.

Für gentechnologische Experimente hat man sich nun an diesem natürlichen Vorbild orientiert und künstlich veränderte Plasmide hergestellt, die heute zu den am meisten verwendeten Klonierungsvektoren zählen. Diese künstlichen Plasmidvektoren besitzen folgende Eigenschaften:

- Ein oder mehrere **Marker-Gene,** z. B. Antibiotikaresistenzgene; anhand dieser Marker-Gene können Bakterienzellen mit und ohne Plasmid voneinander getrennt werden (→ *Kapitel 7.2.4*).
- Einen eigenen **Replikationsstartpunkt** (ori); er ermöglicht die Vermehrung des Plasmidvektors in der Bakterienzelle.
- Schnittstellen für ein oder mehrere **Restriktionsenzyme;** an dieser Stelle kann die ringförmige Plasmid-DNA geöffnet und fremde DNA eingefügt werden. Oft wird der Plasmidvektor so konstruiert, dass die Schnittstellen für gängige Restriktionsenzyme direkt hintereinander liegen – man spricht dann von einem **Polylinker** oder einer **Multiplen Klonierungsstelle** (MKS). Diese Schnittstellen kommen nur in diesem Bereich, nicht jedoch im Vektor selbst vor. Sie erlauben, dass im Polylinker Inserts mit unterschiedlichen Enden in den Vektor aufgenommen werden können.

Einer der ersten künstlich hergestellten Plasmidvektoren, der auch heute noch häufig für Klonierungsexperimente eingesetzt wird, ist das Plasmid **pBR322.** Bevor wir dieses Plasmid etwas näher betrachten wollen, sei an dieser Stelle kurz auf die **Nomenklatur von Plasmidvektoren** eingegangen. Alle Plasmidvektoren tragen als ersten Buchstaben ein kleines „p", dass für „Plasmid" steht. Die nächsten zwei Buchstaben kennzeichnen die Herkunft des Vektors (bei pBR322: „BR" = Bolivar und Rodrigues, Namen der Wissenschaftler, die den Vektor 1977 konstruierten). Mit den folgenden Zahlen werden Plasmide derselben „Herkunft" durchnummeriert, entsprechend existieren z. B. die Plasmide pBR313, pBR327 usw.

Aus der Plasmidkarte von pBR322 (Abbildung 7.1) wird deutlich, dass das Plasmid selbst etwa 4,4 kb groß ist. Plasmidvektoren haben nur eine beschränkte Aufnahmekapazität für fremde DNA-Stücke, da sich ihre Größe aus technischen Gründen auf etwa 10 kb beschränkt (Tabelle 7.1). Für pBR322 bedeutet dies, dass ein bis zu 6 kb großes Insert in diesen Vektor eingebaut werden kann. Das Plasmid hat zudem einen eigenen Replikationsstartpunkt, jeweils eine Schnittstelle für unterschiedliche Restriktionsenzyme und trägt weiterhin zwei Gene, die für Antibiotikaresistenzen codieren (Ampicillin und Tetracyclin).

Abb. 7.1.
Schema der Plasmidvektoren a) pBR322 und b) pUC19. Auf den Plasmidkarten ist die Lage einiger Restriktionsenzyme und Antibiotika-Resistenzgene eingetragen. Bei dem Vektor pUC19 findet sich eine Multiple Klonierungsstelle (MKS) in dem lacZ'-Gen.

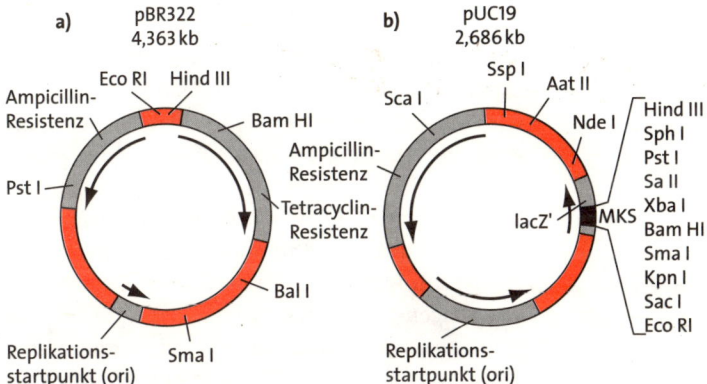

Als Beispiel für einen etwas „moderneren" Plasmidvektor zeigt Abbildung 7.1 den Vektor pUC19 (entwickelt von der University of California = „UC"). Auch bei diesem finden wir, wie bei pBR322, den nötigen eigenen Replikationsstartpunkt (ori) sowie ein Gen, das für Ampicillinresistenz codiert. Im Unterschied zu pBR322 treten bei pUC19 nun die Restriktionsschnittstellen „gehäuft" hintereinander in einer Multiplen Klonierungsstelle (MKS) auf. Außerdem liegt diese MKS direkt innerhalb der Sequenz eines weiteren Gens auf dem Plasmidvektor, dem *lac*Z'-Gen. Dieses Gen codiert für einen Teil des Enzyms ß-Galaktosidase. Wie wir später sehen werden, kann man es für eine schnelle Selektion von rekombinanten Bakterienzellen nutzen. An dieser Stelle sei nur kurz erwähnt, dass das *lac*Z'-Gen zerstört wird, wenn der Vektor mit einem Restriktionsenzym an dieser Stelle geöffnet und ein Insert eingefügt wird – der genaue Ablauf dieses so genannten **Blau-Weiß-Screenings** wird im Kapitel 7.2.4 beschrieben.

7.1.2 Bakteriophagen

Bakterienzellen können von Viren infiziert werden, den so genannten Bakteriophagen (kurz: **Phagen**). Das Genom dieser Phagen besteht aus doppel- oder einzelsträngiger DNA (z. T. auch nur aus doppel- oder einzelsträngiger RNA) und ist von einer Schutzhülle **(Capsid)** aus Proteinen umgeben. Wie alle Viren sind auch Bakteriophagen für ihre Vermehrung auf lebende Wirtszellen angewiesen. Wir wollen an dieser Stelle den Infektionsverlauf eines Phagen nur kurz betrachten. Die Infektion einer Wirtszelle kann je nach Phagentyp **lytisch** oder **lysogen** verlaufen, beide Infektionstypen laufen im Prinzip nach demselben Schema ab: Der Phage heftet sich außen an die Bakterienzelle an und schleust seine eigene Erbinformation in die Zelle ein. Diese Phagen-DNA wird danach innerhalb der Wirtszelle vermehrt; zugleich wird die Wirtszelle auch zur Produktion der nötigen Bausteine für die Synthese der Phagen-Schutzhülle veranlasst. Schließlich wird die neu synthetisierte Phagen-DNA in diese Capside verpackt und zu neuen Phagenpartikeln zusammengesetzt. Im letzten Schritt eines Infektionszyklus wird dann ein phagenspezifisches Enzym, das Lysozym, gebildet, das den Abbau der Bakterienzellwände katalysiert und so zur Freisetzung der neuen Phagenpartikel beiträgt. Man spricht hierbei von der **Lyse** der Bakterienzelle (deshalb die Bezeichnung lytischer Zyklus).

Bei der lysogenen Infektion wird die Phagen-DNA nach der Infektion zunächst in das Genom der Wirtszelle eingebaut und kann dort über viele Generationen hinweg integriert bleiben und mit dem Bakteriengenom repliziert werden. Erst unter bestimmten äußeren Einflüssen wird die integrierte Phagen-DNA aus dem Bakterienchromosom wieder herausgeschnitten (z. B. durch UV-Bestrahlung) und ein lytischer Zyklus kann einsetzen.

Am Beispiel des Bakteriophagen Lambda (abgekürzt λ) wollen wir einige grundsätzliche Merkmale von Phagen betrachten, die als Klonierungsvektoren für gentechnische Experimente eingesetzt werden. Der Phage Lambda zeichnet sich durch eine charakteristische Struktur aus, die im Wesentlichen aus einem „Kopf" und einem „Schwanz" besteht (Abbildung 7.2). Der Kopf entspricht dem Capsid mit der darin eingeschlossenen doppelsträngigen DNA. Mit dem

Schwanz heftet sich der Phage zu Beginn der Infektion an die Oberfläche seiner Wirtszellen an, um seine DNA einzuschleusen. Der ebenfalls in der Abbildung 7.2 gezeigte Phage M13 hat dagegen eine völlig andere Struktur: Er ist ein Beispiel für einen filamentösen (fadenförmigen) Phagen, der ebenfalls häufig Verwendung für Klonierungsexperimente findet.

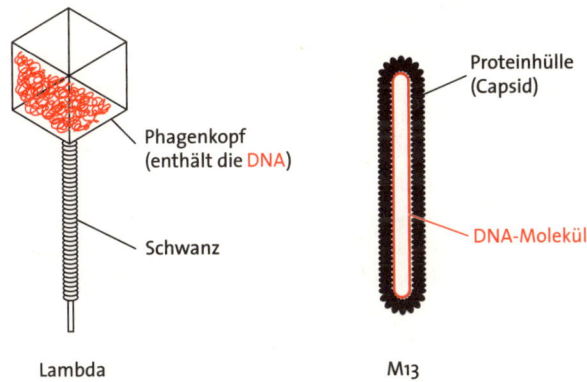

Phagenkopf
(enthält die DNA)

Schwanz

Lambda

Proteinhülle
(Capsid)

DNA-Molekül

M13

Abb. 7.2.
Schema der Bakteriophagen Lambda und M13 (nach Brown 1999).

Das natürliche Genom des Phagen Lambda ist etwa 48,5 kb groß. Allerdings hat man festgestellt, dass davon etwa ein Drittel – der mittlere Teil – für den Infektionsverlauf entbehrlich ist. Die Idee war daher, diesen mittleren, nicht notwendigen Teil des Phagen-Genoms durch Fremd-DNA zu ersetzen. Also wurden künstlich Lambda-Vektoren entwickelt, die aus drei großen Stücken bestehen. Abbildung 7.3 stellt so einen modifizierten Lambda-Vektor dar: Der **rechte und linke „Arm"** der linearen Lambda-DNA enthält alle notwendigen Informationen für die Phagenvermehrung, also z. B. Gene, die für Kopf- und Schwanzproteine sowie für die Montage, Replikation und Lyse der Bakterienzelle codieren. Die äußeren Enden dieser beiden Arme werden als **cos-Stellen** (engl.: **co**hesive end **s**ites) bezeichnet. Sie werden aus jeweils einem 12 bp langen DNA-Einzelstrang gebildet, der an der ansonsten doppelsträngigen linearen Phagen-DNA anhängt. Diese cos-Stellen haben auch im natürlichen Infektionsverlauf des Phagen wichtige Funktionen: Sie sind bei der Replikation der Lambda-DNA und bei der Integration der Phagen-DNA in das Wirtsgenom (lysogener Zyklus) beteiligt.

Wie erwähnt, ist der mittlere Teil, das so genannte **Stufferfragment,** für die Phagenvermehrung bedeutungslos und kann durch Restriktionsenzyme herausgeschnitten werden. Wie wir am Beispiel des künstlich konstruierten Phagen Lambda-gt10 in Abbildung 7.3 sehen, hat man links und rechts von diesem mittleren Teil einen **Polylinker** eingefügt, der Schnittstellen für häufig verwendete Restriktionsenzyme enthält. Wird die DNA des Phagen Lambda-gt10 z.B. mit dem Restriktionsenzym *Eco*RI verdaut, so wird das Stufferfragment vollständig herausgeschnitten und kann durch ein Insert ersetzt werden. Wie groß darf – oder besser gesagt muss – dieses DNA-Molekül sein, damit der Phage korrekt neue Wirtszellen infizieren und sich in diesen vermehren kann? Der linke und rechte Arm des Phagen – die beiden für den Phagen notwendigen Teile – haben zusammen eine Größe von etwa 30 kb. Damit die Phagen-DNA aber in infektiöse Phagenpartikel verpackt werden kann, muss sie eine Länge von mindestens 40 bis 50 kb aufweisen. Dies bedeutet, dass wir den mittleren Teil durch ein 10 bis 20 kb großes DNA-Molekül ersetzen können (Tabelle 7.1).

Abb. 7.3.
Karte des Klonierungsvektors Lambda-gt10. Links und rechts vom Stufferfragment enthält ein Polylinker die Erkennungssequenzen einiger häufig eingesetzter Restriktionsenzyme.

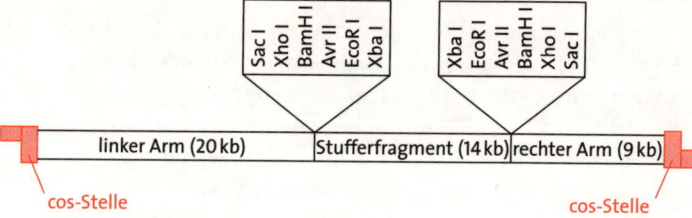

Ist dies geschehen, so kann die neu entstandene rekombinante Phagen-DNA *in vitro* zu vollständigen und infektionsfähigen Phagen „verpackt" werden. Mit diesen Phagen werden anschließend zur weiteren Vermehrung Bakterienzellen infiziert, die auf einer Agarplatte ausplattiert werden. Zunächst entsteht hierbei auf der Platte ein Bakterienrasen, in dem sich im weiteren Infektionsverlauf des Phagen so genannte **Plaques** bilden. Diese Plaques stellen durchsichtige „Löcher" auf dem ansonsten trüben Bakterienrasen dar, die an den Stellen entstehen, an denen die Bakterienzellen durch infektiöse Phagenpartikel lysiert worden sind (Abbildung 7.4). Im Prinzip sind in den Plaques also die freigesetzten Phagen enthalten – aus ihnen wird dementsprechend die rekombinante Phagen-DNA (→ *Kapitel 5.2*) isoliert.

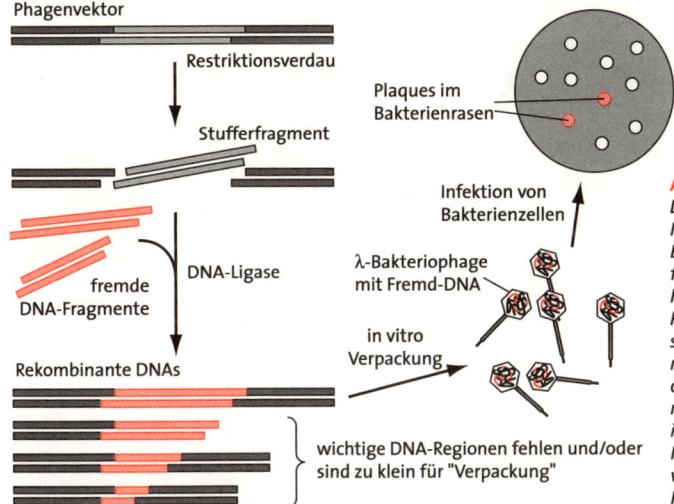

Phagenvektor

Restriktionsverdau

Stufferfragment

fremde DNA-Fragmente

DNA-Ligase

Rekombinante DNAs

Plaques im Bakterienrasen

Infektion von Bakterienzellen

λ-Bakteriophage mit Fremd-DNA

in vitro Verpackung

wichtige DNA-Regionen fehlen und/oder sind zu klein für "Verpackung"

Abb. 7.4.
Durchführung einer Klonierung mit Hilfe eines Bakteriophagen. Das Stufferfragment wird über einen Restriktionsverdau aus dem Phagenvektor herausgeschnitten, fremde DNA-Fragmente werden einligiert und die entstandenen rekombinanten DNAs werden **in vitro** *in Phagenköpfe verpackt. Nach der Infektion und Lyse von Bakterienzellen werden Plaques auf einem Bakterienrasen sichtbar.*

7.1.3 Cosmide und YACs

Die folgenden beiden Typen von Vektoren werden deutlich seltener für Klonierungsexperimente eingesetzt: Cosmide und YACs können sehr große Inserts aufnehmen, wodurch ihre Handhabung allerdings vergleichsweise kompliziert wird. Sie finden daher nur noch bei speziellen Versuchsfragen Anwendung.

Cosmide sind im Grunde genommen modifizierte Plasmide, die zusätzlich zu den üblichen **Plasmid-Eigenschaften** (ringförmige DNA, Replikationsursprung, Marker-Gene, MKS) die **cos-Stellen** eines Lambda-Phagen enthalten. Damit können Cosmide wie Bakteriophagen in Phagenköpfe verpackt werden und Bakterienzellen infizieren. Nach einer Infektion der Wirtszellen schließen sich die beiden cos-Stellen wieder zu einem Ring, der sich dann aber in der Bakterienzelle wie ein Plasmid (und nicht wie ein Phage) verhält (Abbildung 7.5). Die Verwendung von Cosmiden vereinigt also zwei Vorteile: die große Klonierungskapazität von Bakteriophagen (wobei Cosmide noch größere Fremd-DNA-Stücke aufnehmen können, Tabelle 7.1) und die etwas leichtere Handhabung und Lagerung von Plasmiden.

Abb. 7.5.
*Durchführung einer Klonierung mit Hilfe eines Cosmidvektors, der ein Antibiotikaresistenzgen (amp^R) trägt. Durch Verdau mit einem Restriktionsenzym wird der ringförmige Cosmidvektor linearisiert (gestreckt). An die entstandenen freien Enden werden mehrere, miteinander verbundene Kopien (Concatemere) der fremden DNA einligiert. Die rekombinanten Cosmid-DNAs werden **in vitro** in Phagenköpfe verpackt, mit denen anschließend Bakterienzellen infiziert werden. Nach Ausplattieren der Zellen auf antibiotikahaltigem Nährboden wachsen nur Bakterienzellen, die rekombinante Cosmidvektoren aufgenommen haben (nach* Brown *1999).*

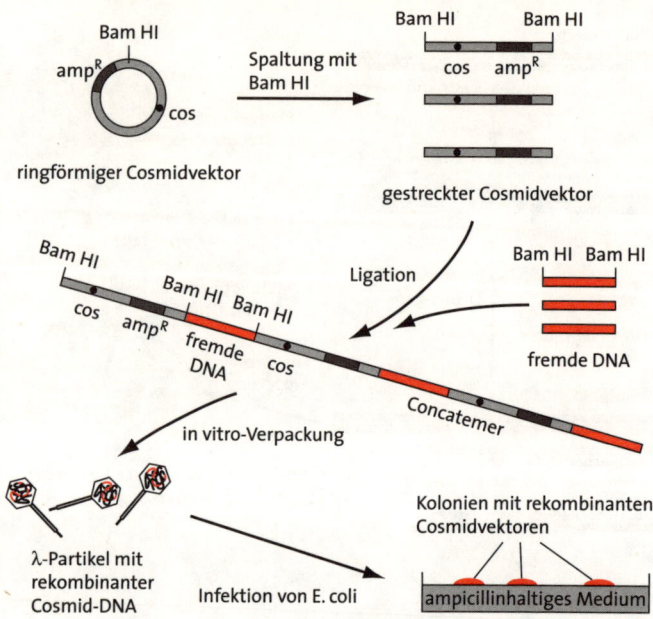

Die Abkürzung **YAC** steht für **Yeast Artificial Chromosome,** also für **„künstliche Hefechromosomen".** YACs sind im Grunde genommen große Plasmide mit zusätzlichen Elementen eines Chromosoms. Diese Elemente sind wichtig, um bei der Zellteilung eine identische Vermehrung und Weitergabe der Erbinformation an die neu entstandenen Tochterzellen zu gewährleisten. Hierzu gehört ein Startpunkt für die Replikation, ein Centromer sowie ein Telomer (→ *Kapitel 2.1*). In so einen YAC-Vektor können dann sehr große Inserts (bis zu 1000 kb groß) eingefügt werden. Diese Konstrukte werden anschließend in Hefezellen transformiert und dort weiter vermehrt (Abbildung 7.6).

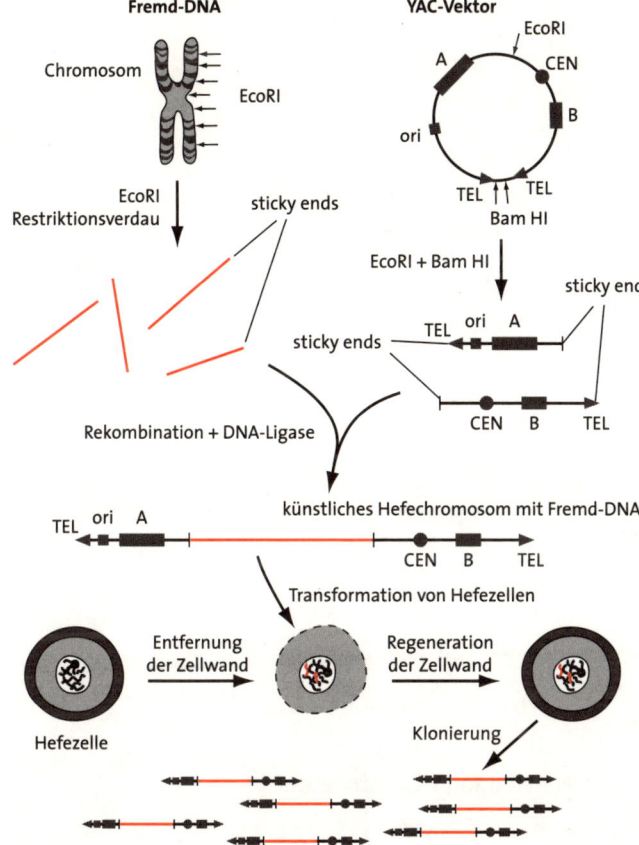

Abb. 7.6.
Durchführung einer Klonierung mit Hilfe eines YAC-Vektors. Dieser Vektor besitzt einen Startpunkt für die Replikation (ori), ein Centromer (CEN), zwei Telomere (TEL) und zwei Marker-Gene (A, B). Im vorliegenden Beispiel wird der YAC-Vektor mit zwei Restriktionsenzymen gespalten: EcoRI öffnet den Vektor und ein Verdau mit BamHI legt die Telomer-Elemente frei. Fremde DNA-Fragmente werden einligiert, anschließend werden Hefezellen, deren Zellwände zuvor entfernt wurden, mit diesen künstlichen Hefechromosomen transformiert und nach Regeneration der Zellwand zur Klonierung weitervermehrt.

7.2 Durchführung einer Klonierung mit einem Plasmidvektor

Plasmide sind als Standardvektoren für die meisten anstehenden Klonierungsexperimente aus dem Laboralltag nicht mehr wegzudenken. Im folgenden Abschnitt wollen wir daher den Ablauf einer Klonierung mit Hilfe eines Plasmidvektors näher betrachten.

Die Durchführung einer Klonierung mit einem Plasmidvektor kann in folgende Schritte unterteilt werden, die in der Abbildung 7.7 schematisch dargestellt sind:

1. Herstellung rekombinanter DNA;
2. Erzeugung kompetenter Bakterienzellen;

3. Transformation von *E.-coli*-Zellen mit dem rekombinanten Plasmid;
4. Selektion rekombinanter Bakterienzellen;
5. Vermehrung des gewünschten Klons und Isolierung rekombinanter Plasmid-DNA.

Abb. 7.7.
Durchführung einer Klonierung mit Hilfe eines Plasmidvektors. Plasmid und Fremd-DNA werden mit demselben Restriktionsenzym geschnitten, so dass beide DNA-Moleküle zueinander passende (komplementäre) Enden aufweisen. Mit Hilfe einer Ligase werden die Inserts in den geöffneten Vektor eingefügt. Anschließend werden Bakterienzellen mit diesen Vektoren transformiert und auf antibiotikahaltigen Agarplatten ausplattiert. Aufgrund der Plasmid-codierten Antibiotikaresistenz wachsen nur Bakterienkolonien heran, die ein Plasmid tragen. Aus diesen Kolonien wird nach einer weiteren Vermehrung in Flüssigkultur Plasmid-DNA isoliert.

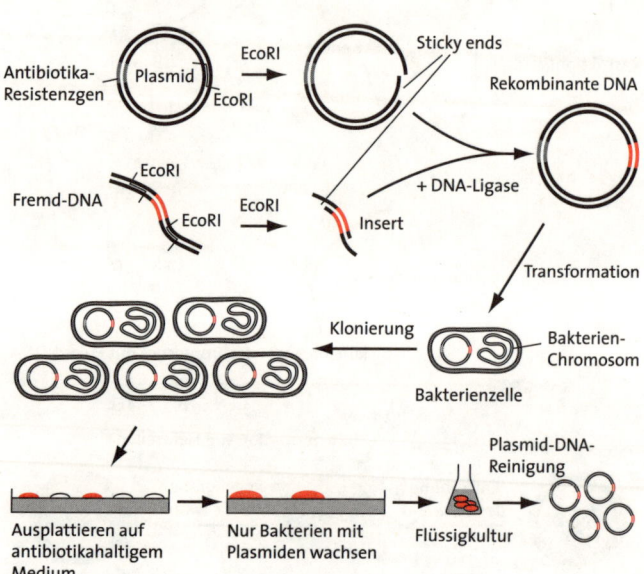

7.2.1 Herstellung rekombinanter DNA

Zu Beginn unseres Klonierungsexperiments stehen uns zwei verschiedene DNA-Typen zur Verfügung: a) Insert-DNA und b) DNA eines Plasmidvektors mit den im Kapitel 7.1.1 beschriebenen Eigenschaften (diese reine Plasmid-DNA wird meistens kommerziell erworben).

Insert- und Vektor-DNA werden nun mit demselben **Restriktionsenzym** geschnitten. Hierfür wird meist ein Restriktionsenzym eingesetzt, das klebrige Enden erzeugt (→ *Kapitel 4.2*). Bei der Wahl des passenden Restriktionsenzyms orientiert man sich am Vorhandensein von Schnittstellen im Polylinker des Plasmids. Beide DNA-Moleküle besitzen nach dem Verdau dieselben überstehenden Enden: Die Enden des Inserts und des geöffneten Plasmidvektors sind komplementär zueinander aufgebaut und können sich daher leicht miteinander verbinden. Nun wird eine DNA-Ligase zugegeben, die beide DNA-Moleküle miteinander verknüpft.

Dieser Vorgang wird als **Ligation** bezeichnet und wurde bereits in Kapitel 4.3 sowie in der Methodenbox 4.2 ausführlich beschrieben. Wir haben also **rekombinante Plasmid-DNA** erzeugt, denn unter natürlichen Bedingungen hätten sich Vektor und Insert ja nicht miteinander verbunden!

7.2.2 Erzeugung kompetenter Bakterienzellen

Um nun die rekombinante Plasmid-DNA zu vermehren, d.h. zu klonieren, müssen die betreffenden Plasmide in Bakterienzellen eingeschleust werden. Allerdings nehmen Bakterien – wie z.B. *E. coli,* die für diese Zwecke häufig eingesetzt werden – normalerweise fremde DNA nur in sehr eingeschränktem Maße auf. Daher werden die Zellen zuvor physikalisch oder chemisch behandelt, mit dem Ziel, die Zellwände so zu verändern, dass fremde DNA außen anhaftet und so leichter in die Bakterienzelle aufgenommen werden kann. Man sagt, dass die Zellen **kompetent** werden. Um kompetente Zellen zu erhalten, stehen einem wiederum verschiedene Verfahren zur Verfügung. Häufig werden die Zellen mit Salzen wie z.B. Calciumchlorid behandelt. Ein solches Verfahren ist in der Methodenbox 7.1 aufgeführt.

Methodenbox 7.1. Herstellung kompetenter Zellen

(„Calciumchlorid-Methode", Hanahan 1983)

- Bakterien aus einer Stammkultur auf einer Agarplatte ohne Antibiotika ausstreichen, über Nacht bei 37 °C bebrüten;
- einzelne Bakterienkolonie entnehmen und in 100 ml LB-(Luria-Bertani-)Medium (pro 1l: 10 g Trypton, 5 g Hefeextrakt, 10 g $NaCl_2$, pH 7,5) über Nacht bei 37 °C unter Schütteln wachsen lassen;
- 100 ml frisches LB Medium mit 5 ml dieser Übernacht-Kultur des Bakterienstammes Inokulieren, Zellen wachsen lassen bis zu einer OD_{600} von 0,5;
- Bakterienkultur für 10 min auf Eis abkühlen und für weitere 10 min bei 3000 rpm und 4 °C zentrifugieren;
- Pellet in 33 ml eiskaltem $CaCl_2$-Puffer (10 mM $CaCl_2$, 10 mM KAc, 45 mM $MnCl_2$, 3 mM Hexamino-$CoCl_2$, 10 mM KCl, 10 % Glycerin, pH 6,4) aufnehmen;
- 10 min bei 3000 rpm und 4 °C zentrifugieren;
- Pellet erneut in 8 ml eiskaltem $CaCl_2$-Puffer aufnehmen;
- Lösung in 100 µl Aliquots in vorgekühlten Reaktionsgefäßen verteilen, sofort in flüssigem Stickstoff schockgefrieren und bei −70 °C lagern.

7.2.3 Transformation von *E.-coli*-Zellen mit einem rekombinanten Plasmid

Unter **Transformation** versteht man in der Gentechnik das Einbringen von DNA in lebende Zellen. Im Zusammenhang mit der Durchführung einer Klonierung bedeutet dies, rekombinante Plasmid-DNA in kompetente *E.-coli*-Zellen einzuschleusen – die Bakterienzellen werden „transformiert". Hierzu werden kompetente Zellen und rekombinante Plasmid-DNA miteinander gemischt und für etwa 20 bis 30 min auf Eis inkubiert. Dabei heftet sich die Plasmid-DNA von außen an die Bakterienzelle an. Um nun die Aufnahme der Plasmid-DNA in die Zelle zu bewirken, setzt man dieses Gemisch einem **Hitzeschock** aus, was bedeutet, dass man die Temperatur für kurze Zeit (45 bis 90 s) auf 42 °C erhöht und das Gemisch dann schnell wieder auf Eis abkühlt. (Wie dieser Hitzeschock die Aufnahme von Fremd-DNA in die Wirtszelle bewerkstelligt, ist allerdings noch nicht genau bekannt!) Anschließend werden die Zellen in einem kleinen Volumen (meist 1 ml) flüssigem Bakterienmedium für etwa 1 h bei 37 °C inkubiert, bevor sie dann auf Agar ausplattiert und über Nacht bei 37 °C vermehrt werden. Es entstehen einzelne Bakterienkolonien auf der Agarplatte, die im Idealfall das rekombinante Plasmid tragen.

7.2.4 Selektion rekombinanter Bakterienzellen

An dieser Stelle kommen wir zu einem entscheidenden Schritt im Laufe einer Klonierung: Wir wollen nur noch mit denjenigen Bakterienzellen weiter arbeiten, die tatsächlich das rekombinante Plasmid aufgenommen haben. Wenn wir aber die vorangegangenen Schritte noch einmal überdenken, stellen wir fest, dass es drei Möglichkeiten gibt, wie die Bakterienzellen auf der Agarplatte vorliegen könnten:

1. Bakterienzellen ohne Vektor: Die Transformation der Zellen mit dem rekombinanten Plasmid hat nicht stattgefunden (z. B. weil die Zellen nicht kompetent genug waren oder der Hitzeschock ineffektiv war), es sind nicht-transformierte Bakterienzellen ausplattiert worden.

2. Bakterienzellen mit Vektor (ohne Insert): Der Plasmidring wurde zwar durch ein Restriktionsenzym geöffnet, unser gewünschter DNA-Abschnitt aber nicht eingefügt. Statt-

dessen hat die Ligase den Plasmidring wieder geschlossen; die Zellen wurden mit diesem „religierten" Plasmid transformiert.

3. Bakterienzellen mit Vektor (mit Insert): Sowohl die Herstellung der rekombinanten Plasmid-DNA als auch die Transformation haben funktioniert: Die ausplattierten und vermehrten Zellen tragen einen Plasmidvektor mit dem gewünschtem DNA-Abschnitt.

Also stellt sich die Frage: Mit welchen Verfahren können wir nun die erfolgreiche Rekombination bzw. Transformation nachweisen?

Die erste Möglichkeit „Transformation der Zellen mit dem rekombinanten Plasmid hat nicht stattgefunden" können wir auf recht einfache Art und Weise prüfen, indem die Zellen auf antibiotikahaltigem Agar ausplattiert werden. In Kapitel 7.1.1 wurde darauf hingewiesen, dass Antibiotikaresistenzen als Marker-Gene auf der Plasmid-DNA codiert sind. Folglich werden auf antibiotikahaltigem Nährboden nur diejenigen Bakterienzellen wachsen, die das Resistenzgen für das jeweilige Antibiotikum besitzen, also Plasmid-DNA aufgenommen haben. Häufig werden hierfür die Antibiotika Ampicillin, Tetracyclin oder Kanamycin eingesetzt.

Die Vorgehensweise bei der Überprüfung des zweiten Falls „Zellen sind zwar mit Plasmid-DNA transformiert worden, diese war aber nicht rekombinant" hängt im Wesentlichen von dem eingesetzten Plasmidvektor ab: Eine recht einfache und schnelle Ausmusterung dieser Zellen ist möglich, wenn bei Einführung des Inserts in die Multiple Klonierungsstelle (MKS) des Plasmidvektors ein bestimmtes Gens inaktiviert wird. Hierzu wird häufig das *lac*Z'-Gen verwendet (man spricht daher auch von einer **Lac-Selektion**). Dieses Gen codiert für eine Untereinheit des Enzyms **ß-Galaktosidase,** das Lactose zu Glucose und Galactose abbaut. Die andere Untereinheit dieses Enzyms wird dagegen durch ein Gen des Bakteriums codiert. Erst wenn also beide (Plasmid- und Bakterien-DNA) zusammengebracht werden, entsteht ein vollständiges und aktives Molekül der ß-Galaktosidase. Die Funktionsfähigkeit dieses Enzyms wird nun dadurch überprüft, dass man der Agarplatte ein Lactoseanalog (X-gal) sowie einen Induktor für das Enzym (z. B. IPTG) hinzufügt. Wachsen Bakterienkolonien mit funktionsfähiger ß-Galaktosidase auf der Agarplatte, wird das Lactoseanalog zu einem dunkelblauen Reaktionsprodukt abgebaut, so dass die entsprechenden Kolonien eine blaue Färbung erhalten. Wurde das *lac*Z′-Gen im Vektor dagegen durch Einbau eines Inserts inaktiviert, können die Zellen keine funktionsfähige ß-Galaktosidase mehr bilden; diese Bakterienkolonien werden ihre weißliche Farbe behalten. Man erhält also meist ein Gemisch von blauen und weißen Kolonien auf der Agarplatte, wobei blaue Kolonien unserem oben aufgeführten Fall zwei entsprechen, während weiße Kolonien tatsächlich ein rekombinantes Plasmid tragen (Fall drei). Man nennt dieses Selektionsverfahren, auf das schon kurz im Abschnitt 7.1.1 hingewiesen wurde, auch **Blau-Weiß-Screening** (engl.: blue/white color screening). Ein Beispiel für einen Vektor, bei dem durch Einfügen eines Inserts das *lac*Z′-Gen inaktiviert wird, ist der in Abbildung 7.1 dargestellte Vektor pUC19.

Wurde zur Klonierung ein Plasmidvektor verwendet, der kein *lac*Z′-Gen trägt (ein Beispiel wäre pBR322, Abbildung 7.1), so bedarf es ein paar zusätzlicher Arbeitsschritte, um Bakterienzellen mit rekombinantem Plasmid von denen mit „normalem" Plasmid zu unterscheiden. Eine Möglichkeit wäre z.B. die Plasmid-DNA von einigen der entstandenen Bakterienkolonien zu isolieren (Verfahren → *Kapitel 5.2*) und mit demselben Restriktionsenzym zu verdauen, dass für die ursprüngliche Erzeugung rekombinanter Plasmide eingesetzt wurde. Auf diese Art und Weise sollte bei Erfolg das Insert wieder aus dem rekombinanten Plasmid herausgeschnitten werden, während bei nicht stattgefundener Rekombination das Plasmid einfach geöffnet wird. Werden die Produkte des Verdaus gelelektrophoretisch aufgetrennt, sollten wir dementsprechend bei erfolgter Rekombination zwei Banden auf dem Gel sehen (Plasmid-DNA und wieder herausgeschnittene Insert-DNA), während bei nicht erfolgter Rekombination nur eine Bande sichtbar werden würde.

7.2.5 Vermehrung des gewünschten Klons und Isolierung rekombinanter Plasmid-DNA

Wir haben nun mit einem der zuvor beschriebenen Verfahren Bakterienkolonien identifiziert, die tatsächlich ein rekombinantes Plasmid tragen. Jede dieser Kolonien ist aus einem einzigen Bakterium entstanden und stellt damit eine Gruppe von genetisch identischen Organismen, einen so genannten **Klon,** dar.

Unsere letzte Aufgabe ist es nun, diese Kolonien weiter zu vermehren. Hierzu wird Flüssigmedium mit einem Teil der gewünschten Bakterienkolonie beimpft und über Nacht bei 37 °C unter Schütteln inkubiert. Aus dem Pellet dieser Bakterienkultur kann dann die rekombinante Plasmid-DNA in großer Menge – wie in Kapitel 5.2 beschrieben – isoliert werden. Unser gewünschter DNA-Abschnitt ist damit kloniert worden.

7.3 Herstellung von DNA-Banken

Unter einer **DNA-Bank** eines Organismus, die häufig auch als **Genbank** oder **DNA-Bibliothek** bezeichnet wird, versteht man eine Sammlung sehr vieler Klone, wobei idealerweise jedes Gen des betreffenden Organismus in mindestens einem Klon enthalten sein sollte. Je nach verwendeter DNA werden **genomische DNA-Banken** und **cDNA-Banken** unterschieden. Genomische DNA-Banken (engl.: genomic library) enthalten dabei sowohl codierende als auch nicht-codierende Sequenzen, während cDNA-Banken (engl.: cDNA library) nur codierende Sequenzen und damit keine Introns enthalten.

Wozu werden Genbanken angelegt? Grundsätzlich will man über ein geeignetes Screeningverfahren (→ *Kapitel 10.1.3*) in einer Genbank rekombinante Kolonien ausfindig machen, die eine bestimmte DNA-Sequenz tragen. Diese Kolonien werden dann weiter vermehrt, und der gewünschte DNA-Abschnitt kann in anschließenden Experimenten näher analysiert werden. Eine genomische Genbank wird z. B. erstellt und durchsucht, wenn ein bestimmtes Gen in seiner Abfolge von Exons und Introns untersucht werden soll. Bei Interesse an proteincodierenden Sequenzen wird dagegen eine cDNA-Genbank angelegt und abgesucht. Eukaryontische cDNAs können dann z.B. in Prokaryonten wie *E. coli* korrekt in ein Polypeptid exprimiert werden. Dies ist mit genomischer eukaryontischer DNA nicht möglich, da *E. coli* ja keinen mRNA-Spleiß-Mechanismus besitzt (→ *Kapitel 3.1.1*) und damit nicht in der Lage ist, Introns aus der prä-mRNA zu entfernen.

Zur **Herstellung einer genomischen DNA-Bank** wird die isolierte DNA durch Verdau mit einem Restriktionsenzym in kleinere Stücke zerlegt. Bei der Wahl des Enzyms muss beachtet werden, dass die erzeugten Stücke nicht zu klein werden; z.B. wäre ein 4-bp-Cutter (der vergleichsweise häufig im betreffenden Genom schneidet) hierfür weniger geeignet als ein 6-bp-Cutter (→ *Kapitel 4.2*). Die entstandenen Fragmente sollten klebrige Enden besitzen, so dass sie anschließend leicht mit einem passenden Vektor (meistens Phagen, Cosmide oder YACs), der mit demselben Restriktionsenzym geschnitten wurde, verknüpft werden können. Mit diesen rekombinanten DNA-Molekülen werden anschließend Bakterienzellen infiziert, die auf Agarplatten ausplattiert werden. Je nachdem welcher Vektor verwendet wurde, kann dann aus der Zahl der entstandenen Bakterienkolonien bzw. Phagenplaques auf der Petrischale der **Titer** (also die Anzahl der Bakterien bzw. Phagen je ml Kulturmedium) der DNA-Bank bestimmt werden. Damit jedes einzelne Gen des betreffenden Organismus theoretisch auch tatsächlich in der genomischen DNA-Bank durch mindestens einen Klon repräsentiert ist, müssen in Abhängigkeit von der Genomgröße des Organismus bzw. der durchschnittlichen Länge der durch den Restriktionsverdau entstandenen Fragmente extrem viele Klone erzeugt werden. Am Beispiel des Menschen mit einer Genomgröße von etwa 3×10^9 bp bedeutet dies, dass bei einer durchschnittlichen Fragmentgröße von 35 kb etwa 250000 Klone (d.h. einzelne Bakterienkolonien) notwendig sind, damit jedes der nach dem Restriktionsverdau der genomischen DNA entstandenen Fragmente in mindestens einer Bakterienkolonie vertreten ist.

Hat man entsprechend viele Klone erzeugt, können diese als Suspension in flüssigem Stickstoff schockgefroren und bei −70 °C gelagert werden, um dann zu gegebener Zeit hinsichtlich des betreffenden DNA-Fragmentes abgesucht zu werden. Das hierfür verwendete Verfahren der Koloniehybridisierung wird im Kapitel 10.1.3 erläutert.

Der wesentliche Unterschied zwischen einer genomischen DNA-Bank und einer **cDNA-Bank** besteht darin, dass eine cDNA-Bank erheblich weniger Klone als eine genomische DNA-Bank beinhalten muss: So repräsentieren z. B. nur etwa 3 bis 5 % des gesamten menschlichen Genoms codierende Sequenzen.

Für die Herstellung einer cDNA-Bank wird als Ausgangsmaterial cDNA eingesetzt, bzw. mRNA, die durch Reverse Transkriptase in cDNA umgeschrieben wurde (→ *Kapitel 5.4*). Die so erzeugte doppelsträngige cDNA besitzt grundsätzlich **glatte Enden** (blunt ends, → *Kapitel 4.2* und *Abbildung 5.2*), was bedeutet, dass eine Ligation in den entsprechenden Vektor (der dann ebenfalls glatte Enden haben muss) sehr ineffizient von statten gehen würde. Daher müssen die Enden der cDNA zuvor modifiziert werden, wobei so genannte **Linker** mit Hilfe einer DNA-Ligase an die cDNA-Enden angefügt werden (Abbildung 7.8).

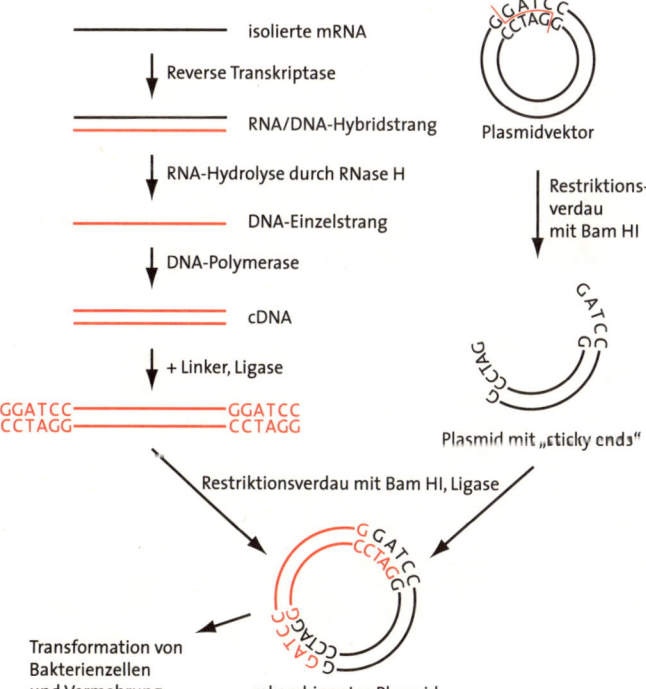

Abb. 7.8.
*Klonierung von cDNA. Mit Hilfe von Reverser Transkriptase wird mRNA in cDNA umgeschrieben. Da diese glatte Enden besitzt, werden vor der Klonierung in einen Plasmidvektor Linker an die cDNA-Enden angefügt. Ein anschließender Restriktionsverdau (im Beispiel mit **Bam**HI) erzeugt dann „sticky ends", die weitere Klonierung kann nun wie in Abbildung 7.7 beschrieben ablaufen.*

Unter einem Linker versteht man ein kurzes doppelsträn-giges Oligonukleotid, das künstlich hergestellt wird und so-mit eine bekannte Sequenz besitzt. So enthalten Linker, die an die stumpfen Enden der cDNA ligiert werden, die Erken-nungssequenz eines bestimmten Restriktionsenzyms (im Beispiel der Abbildung 7.8 *Bam*HI). Die so modifizierte cDNA wird dann mit dem entsprechenden Enzym verdaut, die Linker werden „aufgeschnitten" und es entstehen klebrige Enden, die nun vergleichsweise leicht in einen mit dem-selben Enzym geschnittenen Vektor kloniert werden können.

Hierbei stellt sich das Problem, dass Schnittstellen des betreffenden Restriktionsenzyms nicht nur in den Linkern, sondern auch innerhalb der cDNA-Sequenz auftreten kön-nen. Gegebenenfalls würden die einzelnen cDNAs bei einem Restriktionsverdau dann ebenfalls in Stücke geschnitten. Dies ist bei der Herstellung einer cDNA-Bank jedoch nicht erwünscht, da man nur so genannte **Voll-Längen-Klone** (engl.: full-length clones) klonieren will. So muss die cDNA zuvor methyliert werden (den Vorgang der Methylierung haben wir bereits in Kapitel 4.2 kennen gelernt), so dass sie von den Restriktionsenzymen nicht mehr erkannt und da-mit nicht geschnitten wird.

Das weitere Vorgehen für die Erzeugung rekombinanter Phagen oder Cosmide, das Einschleusen dieser Konstrukte in Bakterienzellen sowie die Vermehrung und Lagerung der Klone entspricht dem in Kapitel 7.1 beschriebenen Ab-lauf.

Zusammenfassung DNA-Klonierung:

An dieser Stelle wollen wir abschließend festhalten, dass uns durch das Klonieren von DNA-Molekülen drei entscheidende Dinge ermöglicht werden:

1. Wir können durch die Klonierung einen bestimmten DNA-Abschnitt in sehr großer Menge und in reiner Form gewinnen.

2. Durch die Wahl eines geeigneten Klonierungsvektors können wir bestimmte Eigenschaften des klonierten DNA-Abschnittes *in vitro* untersuchen.

3. Über die Klonierung ganzer Genome wird es möglich, Genbanken eines Organismus oder eines bestimmten Gewebetyps zu erstellen, um in diesen nach bestimmten Genen zu suchen.

8 PCR: Vermehrung von DNA ohne Klonierung

Keine andere Methode hat seit ihrer „Erfindung" in den achtziger Jahren des 20. Jahrhunderts (SAIKI et al. 1985) die Arbeitsweise in Biotechnologie und Molekularbiologie so revolutioniert, wie die **Polymerasekettenreaktion** (engl.: **polymerase chain reaction,** abgekürzt **PCR**). Für die Entwicklung dieser Methode erhielt KARY MULLIS 1993 den Nobelpreis für Chemie! Das Prinzip der PCR ist im Grunde genommen sehr einfach und orientiert sich an der natürlichen Replikation der DNA in der Zelle (→ *Kapitel 2.2*): Ein gewisser Abschnitt eines DNA-Moleküls wird durch eine DNA-Polymerase sehr rasch millionenfach vermehrt; man nennt diesen Vorgang auch **Amplifikation.** Das betreffende DNA-Molekül steht uns also – ähnlich wie bei einer Klonierung – nach der PCR in sehr großer Menge für weitere Versuche zur Verfügung.

Neben der „Standard-PCR", die im folgenden Abschnitt vorgestellt wird, existieren heute eine Vielzahl von Abwandlungen dieser Technik, die für verschiedene Zwecke und Fragestellungen eingesetzt werden – eine kleine Auswahl werden wir in Kapitel 8.2 kennen lernen.

8.1 Grundprinzipien der PCR

Bevor wir uns den eigentlichen Reaktionsbedingungen für die Durchführung einer PCR zuwenden, soll zunächst einmal dargelegt werden, welche einzelnen Reaktionskomponenten für die Amplifikation eines bestimmten DNA-Abschnittes in einer PCR benötigt werden:

- **Ausgangs-DNA („Template", Matrize):** Als Ausgangsmaterial für eine PCR genügt theoretisch ein einziges DNA-Molekül. Tatsächlich werden allerdings meistens zwischen 10^4 und 10^6 Moleküle Template-DNA in einer PCR eingesetzt. Die benötigte DNA-Menge, die dieser Anzahl an Molekülen entspricht, ist von der Genomgröße des zu untersuchenden Organismus abhängig. So reichen für die Amplifikation eines gewissen Sequenz-Abschnittes von menschlicher genomischer DNA (haploide Genomgröße $2,8 \times 10^9$ bp) 100 ng bis 1 µg für eine PCR aus. Soll ein Stück Plasmid-DNA (haploide Genomgröße $4,7 \times 10^6$ bp) in einer PCR amplifiziert werden, kann die eingesetzte DNA-Menge sogar weniger als ein Nanogramm betragen.

- **DNA-Polymerase:** Polymerasen, die für die Synthese eines DNA-Abschnittes in einer PCR eingesetzt werden, sollten hitzestabil sein. Hierfür stehen unterschiedliche **thermostabile Polymerasen** zur Verfügung, von denen wir in Kapitel 4.4 eine kleine Auswahl kennen gelernt haben. Für eine „Standard-PCR" wird zumeist die ***Taq*-Polymerase** verwendet, von der man dem Reaktionsansatz zwischen 0,5 und 2,5 Units hinzufügt. Die enorme Hitzeresistenz der *Taq*-Polymerase hat die Automatisierung der PCR-Methode erheblich erleichtert, wie bei der nachfolgenden genaueren Betrachtung der PCR-Reaktionsbedingungen noch deutlich werden wird.

- **Primer:** Aus Kapitel 2.2 ist uns bereits der Begriff des Primers bekannt – Starthilfen, die von allen Polymerasen benötigt werden, um DNA- (oder auch RNA-) Abschnitte vervielfältigen zu können. Primer, die in einer PCR eingesetzt werden, sind normalerweise zwischen 18 und 30 bp lang und werden künstlich hergestellt. Für die Primer-Synthese muss man links und rechts von dem zu amplifizierenden DNA-Abschnitt bereits kurze Nukleotidsequenzen kennen. Der so erstellte Primer findet dann eine passende Bindungsstelle und der gewünschte Bereich kann vermehrt werden. Sind keine benachbarten Sequenzen bekannt, können stattdessen auch sehr kurze (6 bis 10 bp lange) „Zufallsprimer" eingesetzt werden, wie es bei einem PCR-Verfahren der Fall ist, das im Abschnitt 8.2.3 vorgestellt wird. Die Konzentration der Primer in einem PCR-Ansatz kann einen Einfluss auf die Spezifität der Re-

Methodenbox 8.1. Durchführung einer PCR

Um eine PCR anzusetzen, werden üblicherweise die folgenden Komponenten in den angegebenen Verhältnissen auf Eis zusammen pipettiert.

Komponente	Menge	Endkonzentration
10 × PCR-Puffer	5,0 µl	1 ×
25 mM $MgCl_2$	4,0 µl	2 mM
2 mM dNTPs	5,0 µl	0,2 mM
Primer 1 Forward (0,1 µg/µl)	1,0 µl	0,1 µg
Primer 2 Reverse (0,1 µg/µl)	1,0 µl	0,1 µg
Taq-Polymerase (5 U/µl)	0,5 µl	2,5 U
DNA-Template (100 ng/µl)	2,0 µl	200 ng
steriles H_2O	31,5 µl	
Reaktionsvolumen	**50 µl**	

Wenn mehrere DNA-Proben gleichzeitig mit denselben PCR-Primern amplifiziert werden sollen, empfiehlt sich die Herstellung eines so genannten **Mastermixes**. Hierfür werden alle Komponenten außer den jeweiligen DNA-Templates für die gesamte Anzahl Proben (n) inklusive einer „Reserve-Probe" (n + 1) zusammen in ein Reaktionsgefäß pipettiert und gemischt. Dieses **Mastermix** wird dann in der benötigten Menge (im oben angegebenen Beispiel 48 µl) auf die jeweiligen Reaktionsgefäße verteilt und die einzelnen DNA-Templates dazugegeben. Nach Mischen und kurzem Abzentrifugieren der Proben werden diese in einen Thermocycler gestellt und einer PCR unterworfen. Diese kann z. B. nach folgendem Programm durchgeführt werden:

Beispiel für ein „klassisches" PCR Programm:

	94 °C	5 min	Eingangsdenaturierung
30 Zyklen bestehend aus	94 °C	1 min	
	55 °C	1 min	
	72 °C	2 min	
	72 °C	5 min	Abschluss-Elongation

Ein Eingangsdenaturierungs-Schritt wird der eigentlichen Reaktion meist vorgeschaltet, damit der DNA-Doppelstrang zu Beginn der PCR tatsächlich vollständig einzelsträngig vorliegt. Eine zusätzliche Abschluss-Elongation am Ende der 30 Zyklen soll sicherstellen, dass die Polymerase ihre Arbeit auch wirklich beendet hat.

Ein wichtiger Bestandteil jedes PCR-Ansatzes sollten auch entsprechende Kontrollen sein. Eine „Negativ-Kontrolle" enthält dabei alle Komponenten außer DNA und dient z. B. dem Auffinden von Verunreinigungen im Reaktionsansatz oder dem Nachweis von unspezifischen Nebenprodukten. Eine PCR mit „positiver" Kontroll-DNA kann dagegen z. B. zeigen, ob alle Reaktionskomponenten dem PCR-Mastermix auch tatsächlich zugefügt und ob die PCR-Bedingungen richtig gewählt wurden.

aktion haben; üblicherweise beträgt sie zwischen 0,1 und 0,5 µM.

- **Nukleotide:** Die vier Nukleotide A, C, G und T (Desoxynukleosidtriphosphate, abgekürzt mit **dNTPs**) sind die Bausteine für die neu zu bildenden Nukleinsäurestränge. Sie werden dem Reaktionsansatz meist in einer Konzentration von 200 µM (je Nukleotid) hinzugefügt.
- **Puffer, Mg²⁺:** Da die *Taq*-Polymerase erst bei einem pH-Wert von über 8 optimal arbeitet, muss die PCR-Reaktion entsprechend gepuffert werden. Meistens wird beim Kauf der *Taq*-Polymerase vom Hersteller bereits ein passender Reaktionspuffer mitgeliefert, der dann in der empfohlenen Konzentration in der PCR-Reaktion eingesetzt werden kann. Außerdem benötigen Polymerasen für ihre Aktivität freies Mg^{2+}, das dem Reaktionsansatz meist in Form von $MgCl_2$ hinzugefügt wird. Dieses Salz beeinflusst auch andere wichtige Schritte während einer PCR, wie z.B. das korrekte Anlagern der Primer an ihre Zielsequenz. Die $MgCl_2$-Konzentration kann zwischen 0,5 und 3,0 mM im Reaktionsansatz betragen, für die Durchführung einer Standard-PCR setzt man üblicherweise $MgCl_2$ mit einer Konzentration von 2,0 mM ein.

Diese Komponenten werden nun in den erforderlichen Mengen in einem kleinen Reaktionsgefäß gemischt (Methodenbox 8.1) und dann in einer PCR-Maschine, einem so genannten **Thermocycler,** einer PCR unterworfen. Der Thermocycler ist im Grunde genommen ein kleiner programmierbarer Heizblock, mit dessen Hilfe es möglich ist, die Probe für eine gewisse Zeit bestimmten Temperaturen auszusetzen. Dabei kann eine PCR in drei Schritte mit jeweils unterschiedlicher Reaktionstemperatur eingeteilt werden (Abbildung 8.1):

1. **Denaturierung:** Zunächst muss der Doppelstrang der Ausgangs-DNA durch Erhitzen der Probe auf 94 °C für die Dauer von 30 s bis 1 min in seine beiden Einzelstränge zerlegt (denaturiert) werden.
2. **Primeranlagerung (Annealing):** Nun erfolgt eine Anlagerung der Primer an ihre Zielsequenz. Hierzu wird die Temperatur auf einen Wert zwischen etwa 45 und 65 °C gesenkt, so dass sich der Primer an die passende Stelle auf

Abb. 8.1.
Schematischer Ablauf einer PCR. Der DNA-Doppelstrang wird durch Erhitzen denaturiert (1), Primer lagern sich an (2) und die DNA-Polymerase synthetisiert die komplementären neuen Stränge (3). Diese Schritte werden etwa 25- bis 35-mal nacheinander wiederholt. Nach drei Zyklen liegen erstmals zwei neue Kopien des gewünschten DNA-Abschnittes vor (mit einem Stern gekennzeichnet), die in den folgenden Zyklen millionenfach vervielfältigt werden.

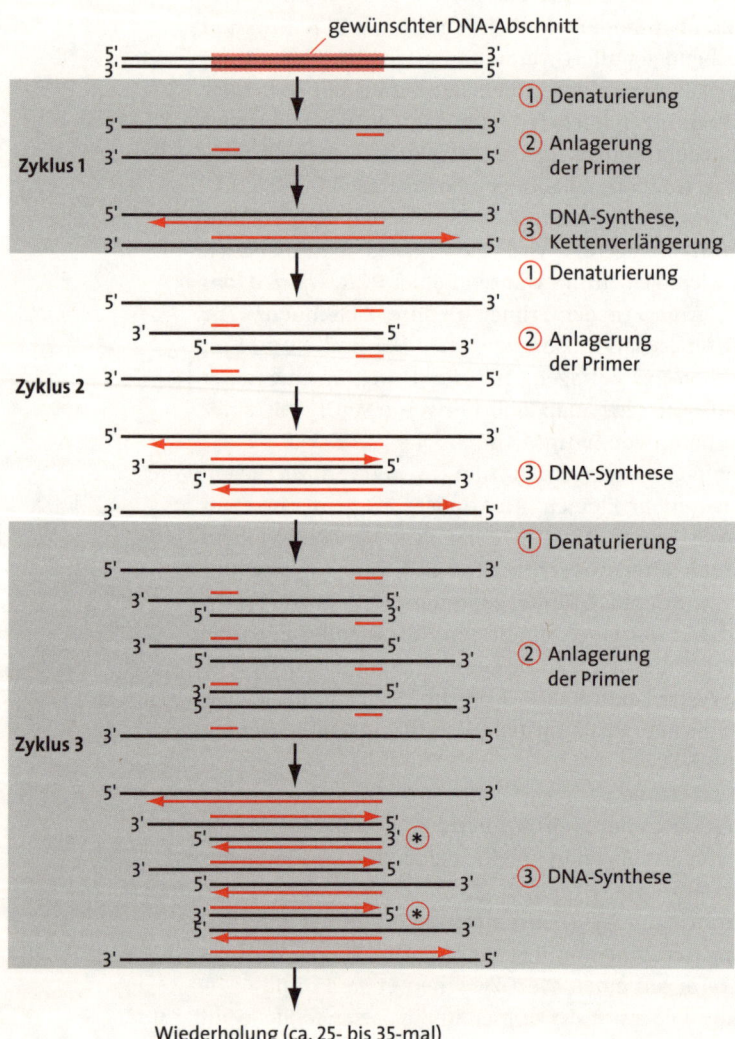

dem DNA-Einzelstrang anlagern kann. Die Höhe dieser so genannten **Annealingtemperatur** hängt vor allem von der Basenzusammensetzung der verwendeten Primer ab. Als grober Richtwert dient die Schmelztemperatur (T_m) des Primers, die man mit einer einfachen Formel berechnen kann: $T_m = (4 \times [G + C]) + (2 \times [A + T])$; G, C, A und T bezeichnet die Anzahl der jeweiligen Nukleotide in der Primersequenz.

Die Annealingtemperatur wird dabei meistens etwa 3 bis 5 °C niedriger als die Schmelztemperatur angesetzt. Wichtig ist hierbei, dass die Höhe der Annealingtemperatur die Spezifität der PCR bestimmt: Wird die Annealingtemperatur zu niedrig gewählt, kann sich der Primer auch an Stellen anlagern, zu denen er nicht 100%ig komplementär ist, d.h. es kommt zu unerwünschten Nebenprodukten. Ist die Temperatur andererseits zu hoch eingestellt, kann es sein, dass sich der Primer nicht an die DNA-Matrize anlagern kann, das gewünschte DNA-Molekül wird dann nicht vermehrt. Für den Schritt der Primeranlagerung wird die Temperatur meist für 30 s bis 1 min konstant bei dem jeweiligen Wert gehalten.

3. **Kettenverlängerung (Elongation):** Im dritten Schritt einer PCR erfolgt schließlich die Neusynthese des gewünschten DNA-Abschnittes durch die Polymerase in 5′ → 3′-Richtung. Hierzu wird die Temperatur auf 72 °C, das Temperaturoptimum der *Taq*-Polymerase, erhöht, und die Polymerase kann, ausgehend von den beiden Primern, die zu den beiden vorliegenden Einzelsträngen komplementären Stränge neu synthetisieren. In Abhängigkeit von der Größe des zu erwartenden Produkts lässt man der Polymerase bis zu 6 min für die Neusynthese Zeit. Hierbei kann man für die Synthese von 1000 bp eine Dauer von etwa 1 min ansetzen. Bei einer „Standard-PCR" liegt dieser Wert demnach meist zwischen 1 und 2 min.

Diese drei aufeinander folgenden Schritte werden nun mehrfach (wie in einer Kettenreaktion) wiederholt. Üblich sind hierbei etwa 25 bis 35 Wiederholungen (**Zyklen,** engl.: cycles). Dabei erhöht sich die Zahl der vervielfältigten Fragmente exponentiell mit jedem Zyklus, so dass am Ende der gewünschte DNA-Abschnitt in mehreren Millionen Kopien im Reaktionsgefäß vorliegt. In der Methodenbox 8.1 ist exemplarisch ein typisches PCR-Programm aufgeführt, ein

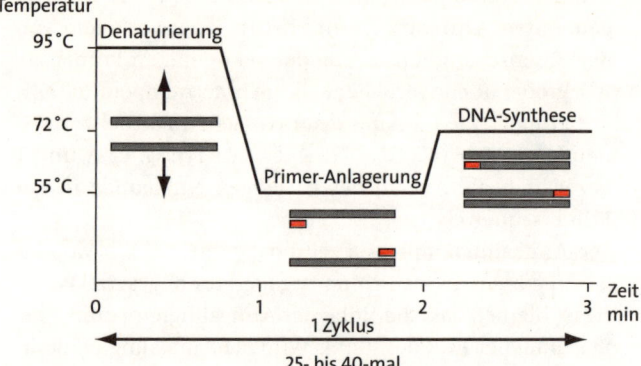

Beispiel für das Temperaturprofil eines PCR-Zyklus zeigt Abbildung 8.2.

Die korrekte Durchführung dieses Kreislaufes aus Erhitzen – Abkühlen – wieder Erhitzen erfolgt mit Hilfe des **Thermocyclers:** Möglich wurde diese Automatisierung allerdings erst durch den Einsatz thermostabiler Polymerasen in der PCR (→ *Kapitel 4.4*). Herkömmliche Polymerasen würden bereits bei 42 °C inaktiviert und müssten demnach nach jedem Denaturierungsschritt der Reaktion neu hinzugefügt werden.

Nach Ablauf der PCR wird das entstandene Produkt auf einem Agarosegel aufgetragen und elektrophoretisch aufgetrennt. Nach Färbung des Gels mit Ethidiumbromid (→ *Kapitel 6.2*) kann man feststellen, inwieweit die PCR-Reaktion vollständig abgelaufen ist (sieht man überhaupt eine Bande oder nicht?) und – bei gleichzeitigem Auftragen eines Größenstandards auf demselben Gel – welche Größe das erhaltene PCR-Produkt hat.

8.2 Anwendungen der PCR

8.2.1 PCR mit degenerierten Primern

Für die Durchführung einer PCR bzw. für die Synthese passender Primer ist es notwendig, die Sequenz des zu amplifizierenden DNA-Abschnittes zumindest teilweise zu kennen. Wie geht man aber vor, wenn dies vorab nicht der Fall ist? Sollte es sich um die Untersuchung eines so genannten **konservierten Gens** handeln, kann man sich über die Synthese **degenerierter Primer** weiterhelfen. Hinter dem Begriff des konservierten Gens verbirgt sich die Tatsache, dass sich die Gene vieler Organismen ähnlich sind; z.T. sind lange Sequenzabschnitte sogar gleich (homolog). Dies bezieht sich weniger auf die Nukleotid- als vielmehr auf die Aminosäuresequenzen. Sind also die Sequenzdaten eines Proteins bei einem Organismus bekannt und soll ein ähnliches Gen bei einem anderen Organismus untersucht werden, können wir diese Information für die Synthese von degenerierten Primern nutzen.

Nun werden ja die meisten Aminosäuren nicht nur durch ein, sondern durch mehrere Codons codiert (→ *Kapitel 3.2*), was die Festlegung der Primersequenz anhand der Proteindaten erschwert. Dieses Problem kann umgangen werden, indem man in die Primersequenzen so genannte **„Wobbles"** einbaut. Der Begriff „Wobble" bezeichnet „die Freiheit in der Wahl der dritten Base", d.h. dass an der dritten Codonposition (der Wobble-Position) unterschiedliche Basen sitzen können, die verschiedenen Codons aber dennoch für dieselbe Aminosäure codieren (→ *Kapitel 3.2* und *Abbildung 3.3*). Für diese Wobble-Basen existiert eine eigene Nomenklatur, die in Tabelle 8.1 aufgeführt ist.

Ist es also bei der Konstruktion degenerierter Primer nicht möglich, anhand der vorhandenen Aminosäuresequenzen eine eindeutige Nukleotidsequenz festzulegen, dann wird die Base an der letzten Position eines Tripletts mit einer Wobble-Base besetzt. Abbildung 8.3 verdeutlicht diese Vorgehensweise an einem Beispiel. Eine Alternative zum Einbau von Wobbles in die degenerierte Primersequenz stellt der Einsatz der Base **Inosin** dar. Inosin ist eine seltene, natürlich vorkommende Purinbase, die mit allen vier Basen paaren kann.

Tabelle 8.1. Nomenklatur für Wobble-Basen zur Konstruktion degenerierter PCR-Primer	
Buchstaben-Code	**Basen**
B	C oder G oder T
D	A oder G oder T
H	A oder C oder T
K	G oder T
M	A oder C
N	A oder C oder G oder T
R	A oder G
S	C oder G
V	A oder C oder G
W	A oder T
Y	C oder T

Bei der Konstruktion degenerierter Primer sollte beachtet werden, dass die letzten drei Basen am 3'-Ende des Primers eindeutig sind, d.h. dass hier keine Wobbles oder Inosin eingebaut sind. Dieser Abschnitt eines Primers muss genau zur gewünschten Zielsequenz passen. Würden auch hier Wobbles eingebaut, könnte es sein, dass sich der Primer auch an anderen Stellen anlagert und man unspezifische Amplifikationsprodukte erhält.

Degenerierte Primer werden zur Amplifikation eines noch unbekannten Gens in einer PCR wie Standard-Primer eingesetzt, allerdings wählt man meist höhere Primerkonzentrationen zwischen 1 µM und 3 µM.

Abb. 8.3.
Konstruktion degenerierter Primer für eine PCR. Am Beispiel des Gens für Cytochrom c wird gezeigt, wie ein Teil der Aminosäuresequenz des Proteins in die entsprechende Nukleotidsequenz „rückübersetzt" wird. Gibt es mehr als eine Möglichkeit für passende Basen in der Nukleotidsequenz, können „Wobbles" (hier Y und R) in die Primersequenz eingefügt werden.

Beispiel: Gen für Cytochrom c, ein Protein aus der Atmungskette

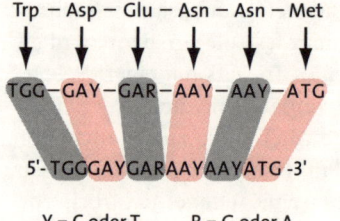

Trp — Asp — Glu — Asn — Asn — Met   Teil der Aminosäuresequenz des Proteins bei Organismus A

TGG—GAY—GAR—AAY—AAY—ATG   Ableitung der Nukleotidsequenz

5'- TGGGAYGARAAYAAYATG -3'   degenerierter Primer für die PCR

Y = C oder T   R = G oder A

8.2.2 RT-PCR

Ist es auch möglich RNA in einer PCR zu amplifizieren? Da die in einer PCR verwendeten Polymerasen DNA-spezifisch sind, ist es hierfür zunächst nötig, die RNA mit Hilfe des Enzyms **Reverse Transkriptase** in **cDNA** umzuschreiben – wir haben den Vorgang der Reversen Transkription und cDNA-Synthese im Kapitel 5.4 kennen gelernt. Anschließend kann die entstandene cDNA mit entsprechenden Primern in einer „normalen" PCR mit *Taq*-Polymerase amplifiziert werden. Man nennt dieses Verfahren **RT-PCR,** wobei RT sich auf den vorgeschalteten Schritt der Reversen Transkription bezieht (Abbildung 8.4).

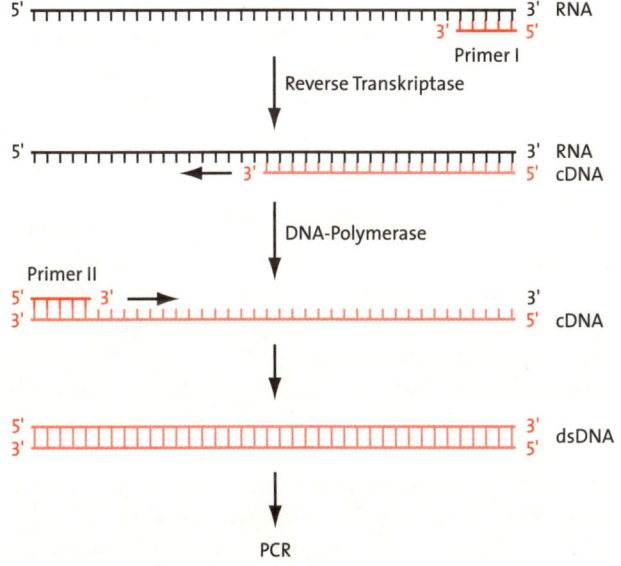

Abb. 8.4.
Ablauf einer RT-PCR. Im ersten Schritt wird RNA mit Hilfe von Reverser Transkriptase und einem passenden Primer I in cDNA umgeschrieben. Im zweiten Schritt wird unter Verwendung eines zweiten Primers II doppelsträngige (ds) cDNA hergestellt, die anschließend in einer PCR vervielfältigt werden kann.

Im ersten Schritt der RT-PCR lagern sich Primer, die als Starthilfe für die Reverse Transkriptase benötigt werden, an die komplementären Stellen auf dem RNA-Einzelstrang an. Als mögliche Primer kommen hier drei verschiedene „Typen" in Betracht (Abbildung 8.5):

Ist die Sequenz des RNA-Abschnittes schon teilweise bekannt, können **sequenzspezifische Primer** eingesetzt werden, die an definierten Stellen mit dem RNA-Molekül binden.

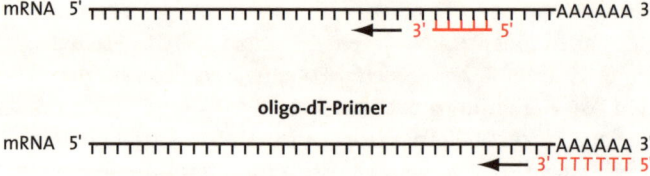

Abb. 8.5.
Mögliche Primer für eine RT-PCR. Zur Durchführung einer RT-PCR kann als Primer I im ersten Schritt ein sequenz-spezifischer Primer, ein Oligo-dT-Primer oder kurze, random-Primer (Hexamere) eingesetzt werden.

Bei unbekannter Sequenz kann man sich einerseits den Poly-A-Schwanz (→ *Kapitel 3.1.1*) der mRNA zu Nutze machen: Wie bei der Synthese von cDNA (→ *Kapitel 5.4*) können auch in der RT-PCR **Oligo-dT-Primer** eingesetzt werden, deren Thymidin-Nukleotide sich an den Poly-A-Schwanz anlagern und von dort aus als Starthilfe für die Reverse Transkriptase fungieren.

Eine andere Möglichkeit stellt die Verwendung von sehr kurzen, so genannten **„random" Primern** dar. Da diese Primer so kurz sind, ist die Wahrscheinlichkeit sehr groß, dass sie irgendwo auf dem RNA-Strang zu ihnen passende Sequenzen finden und dort zufällig (engl.: random) binden. Diese Primer sind meist nur 6 bp lang, man spricht daher auch von **Hexameren.**

Für den ersten Abschnitt einer RT-PCR, der Reversen Transkription, lässt man zunächst die Primeranlagerung bei einer Temperatur von 70 °C für die Dauer von 2 bis 5 min stattfinden. Daran anschließend erfolgt dann die Reverse Transkription meist für 1 h bei 42 °C. Die entstandene cDNA wird dann als Template in einer Standard-PCR eingesetzt, der *Taq*-Polymerase und ein weiterer Primer, der nunmehr am 5'-Ende der cDNA bindet (für das 3'-Ende ist ja bereits einer der drei oben aufgeführten möglichen Primer im Reaktionsansatz vorhanden) zugegeben wird.

Eine RT-PCR wird vor allem dann angewendet, wenn die Transkription eines Gens in bestimmten Geweben oder zu verschiedenen Entwicklungszeitpunkten eines Organismus nachgewiesen werden soll. Weiterhin ist es möglich, über eine RT-PCR die Menge einer bestimmten mRNA in einem Gewebe quantitativ zu bestimmen. Für die Quantifizierung des gebildeten RT-PCR-Produktes muss allerdings gleichzeitig eine RT-PCR mit einem „Standard-Gen" durchgeführt werden. Hierfür bieten sich Gene an, die sehr wahrscheinlich in allen zu untersuchenden Proben in der gleichen Menge gebildet werden. Eine elegantere Alternative zur Quantifizierung von Nukleinsäuren stellt dagegen die im folgenden Abschnitt beschriebene quantitative Real-time PCR dar.

8.2.3 Quantitative Real-time PCR

Wie wir gesehen haben, ist es mit Hilfe der PCR möglich, kleinste DNA-Mengen nachzuweisen. Für viele wissenschaftliche Fragestellungen ist aber nicht nur der eindeutige Nachweis einer bestimmten DNA-Sequenz in einer Probe von Interesse, sondern man will auch eine Aussage darüber treffen, in welcher Menge der betreffende Sequenz-Abschnitt in der Probe vorliegt. Legt man dem Reaktionsverlauf einer PCR Linearität zugrunde, so sollte es eigentlich möglich sein, aus der Zahl der in einer PCR entstandenen Moleküle (N) einen Rückschluss auf die Ausgangszahl an eingesetzten Template-Molekülen (N_0) zu ziehen. Hierzu würde folgende Formel dienen:

$$N = N_0 \times 2^n, \text{ mit } N = \text{Anzahl der amplifizierten Moleküle}$$
$$N_0 = \text{anfängliche Anzahl der Template-Moleküle}$$
$$n = \text{Anzahl der PCR-Zyklen}$$

Tatsächlich wurde festgestellt, dass eine PCR nach einer gewissen Anzahl von Zyklen mit exponentieller Vermehrung der Template-Moleküle bald eine Plateau- oder Sättigungsphase erreicht: Diese wird z. B. dadurch verursacht, dass die Konzentration einer der Reaktionskomponenten (z. B. Nukleotide oder Primer) vorzeitig absinkt. Ferner kann die Polymerase thermisch inaktiviert werden oder die entstandenen Fragmente lagern sich untereinander zusammen und nicht wie gewünscht mit dem Primer. Wollen wir also quantifizieren, wie viele Ausgangsmoleküle eines Templates in einer bestimmten Probe enthalten sind, so muss diese Berechnung bereits während der anfänglichen exponentiellen Phase einer PCR erfolgen!

Bei der **quantitativen Real-time PCR** findet demnach eine ständige Mengenbestimmung des entstehenden PCR-Produkts im Reaktionsgefäß bereits während der PCR, d. h.

in „Echtzeit" („real-time"), statt. Diesem – vergleichsweise sehr neuartigem – PCR-Verfahren liegt das Prinzip der kontinuierlichen Messung eines **Fluoreszenzsignals** zugrunde, das während der PCR proportional zur Menge des PCR-Produkts ansteigt.

Zur Erzeugung dieses Fluoreszenzsignals existieren mittlerweile verschiedene Techniken. Häufig wird eine quantitative Real-time PCR nach dem **Taqman®-Prinzip** (HEID et al. 1996) durchgeführt (Abbildung 8.6). Hierbei wird dem PCR-Ansatz ein kurzes Oligonukleotid zugefügt, das komplementär zu einer bestimmten Sequenz auf dem 3'→ 5'-Strang des zu amplifizierenden DNA-Abschnitts ist und dort spezifisch bindet. Dieses Oligonukleotid, auch Taqman®-Sonde genannt, trägt an einem Ende einen Fluoreszenzfarbstoff **(Reporterfarbstoff),** am anderen einen so genannten **Quencherfarbstoff.** Der Quencherfarbstoff (Bezeichnung kommt von engl.: to quench = löschen) unterdrückt hier durch seine unmittelbare Nachbarschaft zum Reporterfarbstoff dessen Fluoreszenz – die Sonde selbst fluoresziert demnach nicht!

Abb. 8.6.
Prinzip der quantitativen Real-time PCR unter Verwendung einer Taqman®-Sonde. a) Aufgrund von Basenkomplementarität lagert sich die Sonde spezifisch an einer Stelle auf dem zu amplifizierenden DNA-Abschnitt an. An das 5'-Ende der Sonde ist ein Reporterfarbstoff (R) gebunden, dessen Fluoreszenz durch den Quencherfarbstoff (Q) am 3'-Ende der Sonde unterdrückt wird. b) Während der Neusynthese des komplementären Stranges trifft die Taq-Polymerase auf die gebundene Taqman®-Sonde und baut diese ab. Der Reporterfarbstoff wird dabei vom Quencherfarbstoff getrennt und fluoresziert. Diese Fluoreszenzsignale werden in einem speziellen Real-time PCR-Gerät mit eingebauten Fluoreszenz-Detektoren während der PCR gemessen.

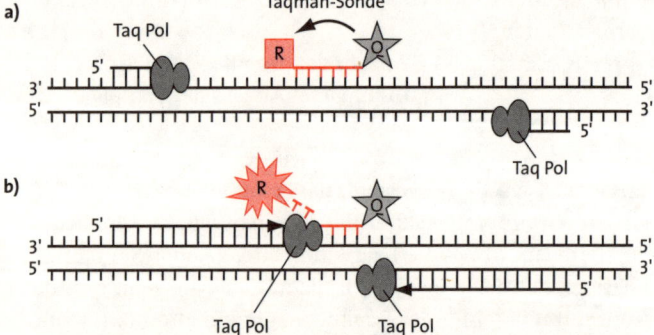

In Kapitel 4.4 haben wir erfahren, dass DNA-Polymerasen neben der Fähigkeit, DNA zu synthetisieren auch eine 5'→ 3'-Exonuklease-Aktivität besitzen – diese Nukleaseaktivität wird nun zur Erzeugung der Fluoreszenzsignale genutzt: Die *Taq*-Polymerase synthetisiert – wie üblich – ausgehend von den angelagerten Primern einen neuen komplementären Strang und stößt dabei im weiteren Verlauf auf die spezifisch gebundene Taqman®-Sonde. Aufgrund ihrer 5'→ 3'-Exonuklease-Aktivität wird sie diese Sonde nun abbauen. Während dieses Abbaus wird der Reporterfarbstoff von der Taqman®-Sonde abgeschnitten, was dazu führt, dass er „räumlich" von dem Quencherfarbstoff getrennt wird und sich nun „frei" im Reaktionsansatz befindet. Dadurch kann der Quencherfarbstoff die Fluoreszenz des Reporterfarbstoffs nicht mehr unterdrücken – ein Fluoreszenzsignal entsteht. Dieses Fluoreszenzsignal wird umso stärker, je mehr Reporterfarbstoff-Moleküle von den Taqman®-Sonden abgespalten, d.h. je mehr PCR-Produkte gebildet werden. Eine Lichtquelle im Real-time PCR-Gerät regt nun die Fluoreszenzmoleküle an, das emittierte Licht wird von Detektoren erfasst und das Signal im Computer gespeichert.

Wie erfolgt nun eine Quantifizierung der ursprünglich in der Probe vorhandenen Template-Menge? Hierbei geht man davon aus, dass der Anstieg des Fluoreszenzsignals von der Ausgangszahl an Template-Molekülen abhängt: Je mehr Kopien der gesuchten Sequenz in der Probe vorhanden waren, desto früher steigt die Intensität des Fluoreszenzsignals an, bzw. desto weniger PCR-Zyklen sind nötig, um ein definiertes Fluoreszenzsignal zu erzeugen. Diese Beziehung wird in so genannten **Fluoreszenzkurven** (Abbildung 8.7a) verdeutlicht, wobei man die Intensität der Fluoreszenz gegen die Zykluszahl der PCR aufträgt. Aus einer solchen Grafik kann man dann ablesen, wie viele PCR-Zyklen für die jeweilige Probe benötigt werden, bis das Fluoreszenzsignal einen definierten Schwellenwert überschreitet. Man bezeichnet diesen Wert als C_T**-Wert** (Bezeichnung kommt von engl.: C = cyclus, Zyklus; T = threshold, Schwellenwert).

Um nun eine Quantifizierung vornehmen zu können, setzt man eine Verdünnungsreihe mit bekannten Template-Mengen eines Standards an, vermehrt diese parallel zu der zu untersuchenden Probe über quantitative Real-time PCR und ermittelt für jede Template-Menge einen C_T-Wert. Aus diesen C_T-Werten des Standards erstellt man eine Eichkurve (Abbildung 8.7b), mittels derer man dem C_T-Wert der zu untersuchenden Probe die ursprünglich vorhandene DNA-Menge zuordnen kann.

Eine alternative Methode zur Erzeugung eines Fluoreszenzsignals greift auf die Verwendung des Fluoreszenzfarbstoffes **SYBR-Green I** zurück (Schmittgen et al. 2000). Dieser Farbstoff kann, ähnlich wie Ethidiumbromid (→ *Kapitel 6.2*), an doppelsträngige DNA binden. In ungebundener Form fluoresziert er kaum, so dass er direkt zum PCR-Ansatz dazu

a)

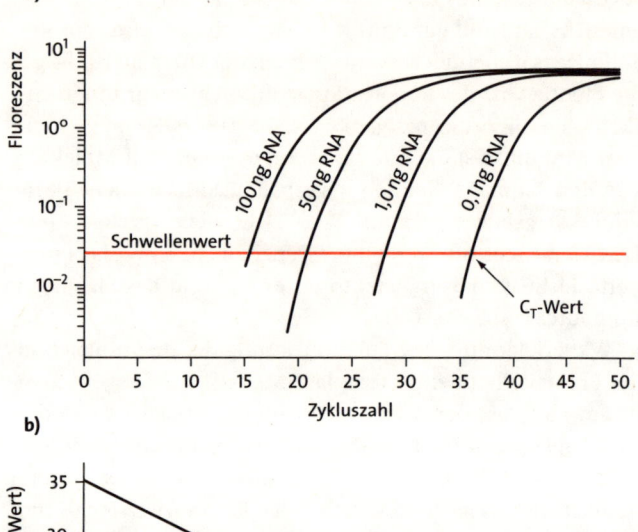

Abb. 8.7.

a) Zusammenhang zwischen Intensität des Fluoreszenzsignals und Anzahl an PCR-Zyklen in Abhängigkeit von der Ausgangsmenge an Template. Im abgebildeten Beispiel wurden Fluoreszenzkurven für vier unterschiedliche Template-RNA-Mengen erstellt. Je nach eingesetzter Template-Menge wird ein definierter Fluoreszenz-Schwellenwert nach einer bestimmten Zahl von PCR-Zyklen (C_T) erreicht.

b) Eichkurve zur Ermittlung der Beziehung zwischen C_T-Wert der Probe und ursprünglich vorhandener Zahl an Ausgangsmolekülen (nach WALKER 2002).

gegeben werden kann und hier in den entstehenden DNA-Doppelstrang eingebaut wird. Wie bei Verwendung einer Taqman®-Sonde steigt auch in diesem Fall mit fortschreitender PCR-Reaktion die Intensität des Fluoreszenzsignals an, da immer mehr Farbstoff-Moleküle in PCR-Produkte eingebaut werden und in dieser gebundenen Form fluoreszieren.

Der Vorteil von SYBR-Green I gegenüber Taqman®-Sonden beruht darauf, dass dieser Farbstoff für beliebige PCR-Reaktionen eingesetzt werden kann – die Synthese einer spezifischen, zur gewünschten DNA-Sequenz passenden Sonde entfällt. Nachteilig ist, dass aufgrund dieser fehlenden Spezifität auch nicht ohne weiteres zwischen dem korrekten PCR-Produkt und unerwünschten Nebenprodukten und Artefakten (die in gewissem Umfang bei jedem PCR-Ansatz auftreten!) unterschieden werden kann.

8.2.4 Herstellung genetischer Fingerabdrücke

Eine der wahrscheinlich bekanntesten Anwendungen der PCR stellt die Herstellung genetischer Fingerabdrücke dar. Die Grundidee ist, dass sich alle (auch sehr nah verwandte) Organismen in bestimmten DNA-Regionen genetisch unterscheiden. Für diese Regionen werden nun so genannte **molekulare Marker** entwickelt, die zur eindeutigen Identifizierung eines Individuums eingesetzt werden können. Man verwendet solche Marker z.B. bei der Durchführung von Vaterschaftstests oder in der Kriminalistik, wobei zur Aufdeckung von Gewaltverbrechen sogar Massen-Gentests an ganzen Teilen der Bevölkerung durchgeführt werden.

Für die Herstellung genetischer Fingerabdrücke existieren viele unterschiedliche Verfahren, von denen zwei im Folgenden kurz vorgestellt werden.

Herstellung genetischer Fingerabdrücke mit Hilfe von Mikrosatelliten

Im Genom eines jeden Organismus existieren Sequenzen, die wiederholt „hintereinander geschaltet" sind. Man spricht hier von **repetitiven Sequenzen** oder **repeats.** Diese Sequenzwiederholungen liegen in den nicht-codierenden Bereichen des Genoms, wobei über die potentielle Funktion dieser Abschnitte noch nichts bekannt ist. Je nachdem wie lang diese repetitiven Sequenzabschnitte sind, werden sie als Mini- (ihre Länge beträgt etwa 10 bis 100 Nukleotide) bzw. Mikrosatelliten (mit einer Länge von etwa 2 bis 6 Nukleotiden) bezeichnet. In der englischen und auch deutschen Fachliteratur finden wir für Minisatelliten ebenfalls die Bezeichnung **VNTRs** (**V**ariable **n**umber of **t**andem **r**epeats), während Mikrosatelliten **STRs** (**S**hort **t**andem **r**epeats) genannt werden. Ein Beispiel für einen Mikrosatelliten wäre die Sequenz gctt, die bei dem einem Individuum z.B. 4-mal tandemartig (d.h. hintereinander geschaltet) als gcttgcttgcttgctt auftritt, bei anderen Individuen aber auch 8-mal oder 12-mal nacheinander wiederholt werden kann. Tatsächlich wurde nachgewiesen, dass sich die Anzahl der jeweiligen Wiederholungseinheiten eines Mikrosatelliten von Individuum zu Individuum sehr stark unterscheiden kann. Setzt man nun also in einer PCR Primer ein, die rechts und links von der Mikrosatelliten-Sequenz (bzw. bei Minisatelliten auch direkt auf Basis der betreffenden Sequenz) binden, so entsteht – je nachdem wie oft der betreffende Mikrosatellit im Genom des jeweiligen Individuums wiederholt wird – eine Bande mit definierter Länge (Abbildung 8.8). Bei gleichzeitiger Analyse von mehreren Mikrosatelliten erhalten wir nach gelelektrophoretischer Auftrennung der PCR-Produkte ein Bandenmuster, das so spezifisch wie ein individueller Fingerabdruck ist. Die Analyse von Mikrosatelliten wird daher bevorzugt für Vaterschaftstests und kriminaltechnische Fragestellungen eingesetzt.

Abb. 8.8.
Durchführung einer Mikrosatelliten-Analyse. Im Beispiel sind zwei homologe Chromosomen A und B dargestellt, die eine unterschiedliche Anzahl von Wiederholungen einer Mikrosatelliten-Sequenz besitzen. Mit Primern, die links und rechts von dieser Sequenz binden, werden in einer PCR unterschiedlich lange Fragmente erzeugt, die nach gelelektrophoretischer Auftrennung eine Zuordnung zu einem bestimmten Genotyp erlauben.

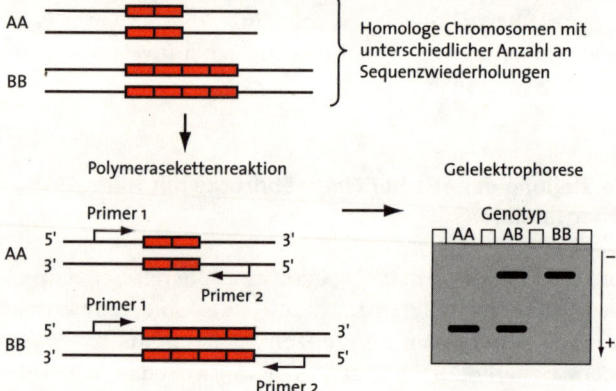

Herstellung genetischer Fingerabdrücke mit Hilfe von RAPDs

Zur einfachen und schnellen Erzeugung genetischer Fingerabdrücke bietet sich die Technik der **r**andom **a**mplified **p**olymorphic **D**NA, abgekürzt **RAPD** an (WILLIAMS et al. 1990). Der Vorteil dieser Methode liegt darin, dass mit ihr molekulare Marker erzeugt werden können, auch wenn keinerlei Sequenzinformation über den betreffenden Organismus vorliegt. Werden nämlich kurze Primer (meist 10 bp lang) bei einer geringen Annealingtemperatur (z. B. 36 °C) in einer PCR eingesetzt, so lagern sich die Primer auch an Stellen an, die nur teilweise ihrer eigenen Sequenz entsprechen. Es werden also zufällig (engl.: random) bestimmte Bereiche im Genom vermehrt, über deren Sequenz weiter nichts bekannt ist. Da die kurzen Primer darüber hinaus meist an mehreren Stellen gleichzeitig binden, entsteht für jedes untersuchte Individuum nach elektrophoretischer Auftrennung der RAPD-Produkte wiederum ein spezifisches Bandenmuster (Abbildung 8.9).

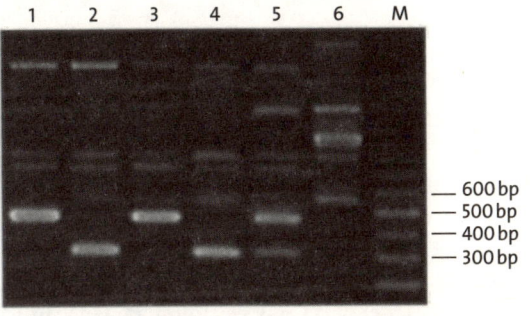

— 600 bp
— 500 bp
— 400 bp
— 300 bp

Abb. 8.9.
Bandenmuster nach einer RAPD-PCR. Bestimmte Abschnitte genomischer DNA von 6 verschiedenen Individuen wurden mit kurzen „Zufallsprimern" amplifiziert. Das Bandengemisch wurde elektrophoretisch aufgetrennt und das Gel mit Ethidiumbromid angefärbt. Jedes Individuum zeigt ein charakteristisches Bandenmuster. M bezeichnet einen Molekulargewichtsstandard, die Größe von vier Banden des Standards ist angegeben.

Diese Methode findet vor allem für populationsgenetische Studien Anwendung, bei denen es um die Klärung der genetischen Ähnlichkeit innerhalb einer Population bzw. zwischen unterschiedlichen Populationen geht. Da sich mittlerweile aber gezeigt hat, dass die in einer RAPD-PCR erzeugten Banden zum Teil nur schlecht reproduzierbar sind und die Methode sehr anfällig gegenüber Artefakten ist, eignet sie sich nicht unbedingt für kritische Anwendungsbereiche.

9 Sequenzierung von DNA

Die wichtigste und grundlegendste Information, die man über ein (kloniertes) Gen gewinnen will, ist seine Sequenz, also die exakte Reihenfolge der vier Nukleotide. Anhand dieser Nukleotidsequenz kann man z. B. bestimmte Eigenschaften des zu untersuchenden Gens bestimmen oder Schnittstellen von Restriktionsenzymen sowie definierte Signalsequenzen auf der DNA festlegen. Die Techniken, die uns heute zur Sequenzierung von DNA zur Verfügung stehen, wurden Ende der 1970er Jahre entwickelt, sind aber in den letzten Jahren vereinfacht und automatisiert worden. Die grundlegenden Methoden sollen in dem folgenden Abschnitt vorgestellt werden.

9.1 Methoden zur DNA-Sequenzierung

Prinzipiell unterscheiden wir zwei Verfahren zur Bestimmung einer DNA-Sequenz: die **enzymatische** Sequenzierung (auch Kettenabbruchmethode bzw. nach ihren Entwicklern Sanger-Coulson-Methode genannt) und die **chemische** Sequenzierung (auch Maxam-Gilbert-Methode genannt, ebenfalls nach ihren Entwicklern). Den Erfindern dieser beiden Sequenzierungsmethoden wurde 1980 der Nobelpreis für Chemie verliehen. In der Laborpraxis hat sich heute die Sanger-Coulson-Methode durchgesetzt.

9.1.1 Sanger-Coulson-Methode (Kettenabbruchmethode)

Die enzymatische Sequenzierung nach SANGER und COULSON basiert auf einem ähnlichen Prinzip wie die PCR (Abbildung 9.1): Man denaturiert das zu sequenzierende DNA-Stück, lässt einen Primer anlagern und setzt dann eine DNA-Polymerase (z. B. Klenow-Polymerase, → *Kapitel 4.4*) ein, die neue komplementäre Stränge synthetisiert. Dabei erfolgt allerdings keine Neusynthese eines einzelnen durchgehenden Stranges, sondern es entstehen nur Teilstücke, die komplementär zu dem zu sequenzierenden DNA-Abschnitt sind. Ziel ist es, alle Teilstücke zu erhalten, die theoretisch möglich sind: Ist der zu sequenzierende DNA-Abschnitt z. B. 200 bp groß, werden über diese Sequenzierungsmethode 200 einzelne, unterschiedlich große (zwischen 1 und 200 bp lange) Fragmente entstehen. Zur Erzeugung dieser DNA-Teilstücke bedient man sich eines Tricks: Man stellt der Polymerase zur Synthese des komplementären Stranges außer den vier Desoxynukleotiden (dATP, dTTP, dCTP und dGTP, also **dNTPs,** → *Kapitel 8.1*) noch eine weitere Art von Nukleotiden zur Verfügung: so genannte **Didesoxynukleotide** (abgekürzt mit **ddNTP**). Diesen Nukleotiden fehlt die Hydroxylgruppe in der 3′-Position des Zuckers (vergleiche die Nukleotide in → *Abbildung 1.1*). Sie werden zwar genauso wie die dNTPs von der Polymerase in den neu entstehenden DNA-Strang eingebaut, an sie können aber keine weiteren Nukleotide angefügt werden. Der Einbau solcher Nukleotide in den neuen DNA-Strang führt also zum Abbruch der Synthese, d. h. zum **Kettenabbruch.** Wichtig ist dabei, dass im Reaktionsansatz nur insgesamt eine sehr geringe Menge dieser „abbrechenden" ddNTPs vorliegt. Dadurch wird es überwiegend zum Einbau „normaler" dNTPs kommen, so dass die entstandenen DNA-Stränge meist bis zu mehreren hundert Basen lang sind, bevor zufällig ein ddNTP eingebaut wird und damit die DNA-Synthese abbricht.

Was erreichen wir aber nun mit dem Kettenabbruch, d. h. wie führt uns dieses Verfahren zur gewünschten Sequenz des betreffenden DNA-Abschnitts? Hierzu wird zunächst der gesamte Reaktionsansatz auf vier Einzelreaktionen aufgeteilt. In jedes der vier Reaktionsgefäße wird zusätzlich zu den vier „normalen" dNTPs jeweils ein anderes ddNTP gegeben: Dem ersten wird ddATP zugesetzt, dem zweiten ddCTP, dem dritten ddGTP und dem vierten Ansatz schließlich ddTTP. Also wird in den vier Einzelreaktionen der Kettenabbruch jeweils an einer anderen Stelle stattfinden: Im ersten Reaktionsgefäß mit ddATPs wird nach der Reaktion eine Mischung aller möglicher neu entstandener DNA-Stücke vorliegen, die jeweils alle mit einem A enden, im zweiten Gefäß liegen unterschiedlich lange Fragmente vor, die alle mit einem C enden usw. Kommt in dem zu sequenzierenden DNA-Abschnitt also z.B. an 50 verschiedenen Positionen ein A vor, so werden in dem ddATP-Ansatz 50 unterschiedlich lange Fragmente entstehen.

Diese vier Reaktionsansätze werden nun nebeneinander (jede Reaktion in einer einzelnen Spur!) auf einem hochauflösenden **Polyacrylamidgel** (→ *Kapitel 6.1.2*) aufgetragen und die unterschiedlich langen Fragmente – die sich jeweils nur durch ein Nukleotid voneinander unterscheiden! – durch Elektrophorese voneinander getrennt.

Bisher wurde noch nicht erwähnt, dass die neu entstehenden DNA-Stränge während der Synthese markiert werden (radioaktiv oder nicht-radioaktiv, Methoden dazu siehe im folgenden Abschnitt 9.2). Diese Markierung hilft uns nun, die aufgetrennten Fragmente auf dem Gel sichtbar zu machen. Aus dem Bandenmuster lässt sich die Sequenz unseres DNA-Abschnittes bestimmen: Man fängt mit dem kleinsten Fragment, das in der Gelelektrophorese am weitesten gewandert ist, an (im Beispiel der Abbildung 9.1 ein A), sucht dann das zweitkleinste Fragment, das entsprechend um ein Nukleotid größer ist (im Beispiel der Abbildung 9.1 ein C), und verfährt so mit allen Fragmenten in den vier parallel laufenden Gelspuren. So entspricht also die Größenabfolge der einzelnen Fragmente in den vier Spuren der Reihenfolge der Nukleotide (der Sequenz) unseres DNA-Stücks.

9.1.2 Maxam-Gilbert-Methode

Eigentlich hat die chemische Sequenzierungsmethode heute keine allzu große praktische Bedeutung mehr, nicht zuletzt auch wegen der Verwendung recht giftiger Chemikalien. Wir wollen das Prinzip daher nur kurz betrachten, ohne auf die Einzelheiten der chemischen Reaktionen einzugehen. Die Maxam-Gilbert-Methode beruht darauf, dass bestimmte Chemikalien (z.B. Dimethylsulfoxid oder Hydrazin) die vier Basen eines Nukleotids chemisch so verändern, dass sie an diesen modifizierten Stellen spezifisch durch einen weiteren Wirkstoff, das Piperidin, gespalten werden können. Dabei wird von einem DNA-Molekül ausgegangen, dessen Strang an dem einen Ende mit radioaktivem Phosphor (^{32}P) markiert ist. Für diese Markie-

1) Für die Sequenzierung steht zur Verfügung:

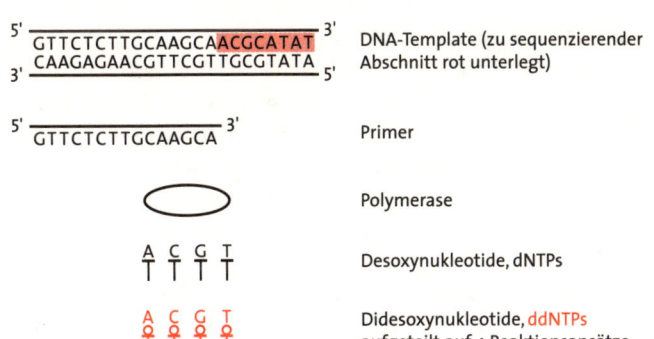

DNA-Template (zu sequenzierender Abschnitt rot unterlegt)

Primer

Polymerase

Desoxynukleotide, dNTPs

Didesoxynukleotide, ddNTPs
aufgeteilt auf 4 Reaktionsansätze

Abb. 9.1.
Sequenzierung eines DNA-Abschnittes nach der Sanger-Coulson-Methode (Kettenabbruchmethode).

2) Sequenzierung in vier verschiedenen Ansätzen, es entstehen in jedem Ansatz die folgenden Fragmente:

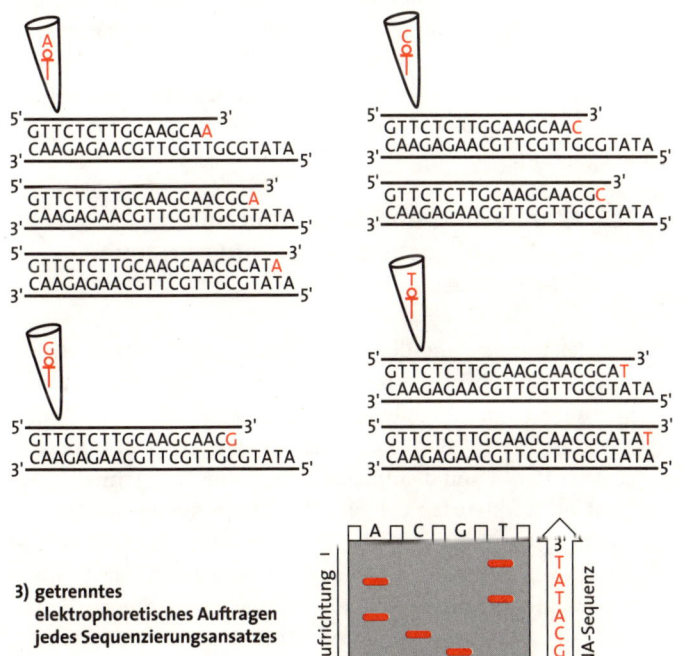

3) getrenntes elektrophoretisches Auftragen jedes Sequenzierungsansatzes

rung wird meist das Enzym **Polynukleotidkinase** eingesetzt, welches ^{32}P an das 5′-Hydroxylende des zu sequenzierenden DNA-Abschnittes ankoppelt. Die markierte DNA wird anschließend auf vier verschiedene Reaktionsansätze aufgeteilt und mit den oben genannten Chemikalien behandelt, was dann zu ganz spezifischen **Strangbrüchen** führt. Die Bedingungen, unter denen diese Reaktionen ablaufen, sind ziemlich kompliziert und sollen an dieser Stelle nicht näher erläutert werden – wichtig ist aber, dass man anhand der eingesetzten Chemikalie bestimmen kann, an welcher Base des DNA-Moleküls der Strang gespalten wird. So wird z.B. in einem der vier Reaktionsansätze ein Strangbruch bei allen Guaninmolekülen, in einem anderen bei allen Cytosinmolekülen des DNA-Abschnittes herbeigeführt.

Die vier Fragmentgemische werden anschließend, wie bei der Kettenabbruchmethode beschrieben, auf vier parallel laufenden Spuren eines Polyacrylamidgels aufgetragen und ihrer Größe nach elektrophoretisch voneinander getrennt. Der Nachweis des entstandenen Bandenmusters erfolgt über Autoradiographie (→ *Kapitel 9.2.1*).

9.2 Markierung und Detektion der im Kettenabbruchverfahren entstandenen Fragmente

Bei der Betrachtung der Sequenzierung nach Sanger-Coulson (Kettenabbruchverfahren) wurde erwähnt, dass die neu synthetisierten Fragmente in irgendeiner Art und Weise markiert sein müssen, damit man sie nach der Elektrophorese detektieren und damit auswerten kann. Eine schnelle Färbung der Sequenziergele mit Ethidiumbromid (→ *Kapitel 6.2*) ist in diesem Fall nicht möglich, da hierfür die DNA-Menge der einzelnen Banden auf dem Gel zu gering ist. Für die Markierung der Fragmente stehen uns zwei Varianten zur Verfügung: das klassische Verfahren der radioaktiven Markierung sowie die nicht-radioaktive Markierung der Fragmente mit Fluoreszenzfarbstoffen.

9.2.1 Radioaktive Markierung und Detektion über Autoradiographie

Für die radioaktive Markierung der im Kettenabbruchverfahren entstandenen Fragmente gibt es drei verschiedene Möglichkeiten: Entweder verwendet man zur Neusynthese einen radioaktiv markierten **Primer,** oder man stellt der Polymerase zum Aufbau des neuen Stranges radioaktiv markierte **dNTPs** bzw. ein markiertes **ddNTP** zur Verfügung.

Die Markierung eines Primers lohnt sich vor allem dann (eine radioaktive Markierung ist nicht ganz billig!), wenn dieser häufig und für unterschiedliche Sequenzierungen eingesetzt werden kann. Ein Beispiel wäre hier die Markierung eines Primers, der in der Nähe der Multiplen Klonierungsstelle eines Plasmidvektors bindet (→ *Kapitel 7.1.1*). Alle DNA-Fragmente, die zur Klonierung in diesen Vektor eingefügt worden sind, können dann mit demselben markierten Primer sequenziert werden.

Wesentlich häufiger werden allerdings radioaktiv markierte dNTPs für die Neusynthese eingesetzt. In diesem Fall kann ein einziges markiertes Nukleotid (z.B. ^{32}P-dATP) für alle vier getrennten Reaktionsansätze verwendet werden, während bei Verwendung markierter ddNTPs vier markierte Didesoxynukleotide benötigt werden, wodurch die Kosten des Verfahrens erheblich steigen. Für die radioaktive Markierung stehen als Isotope vor allem ^{32}P, ^{33}P und ^{35}S zur Verfügung, die sich jeweils in ihrer Strahlungsintensität und Halbwertszeit unterscheiden.

Nach Auftrennung der radioaktiv markierten Fragmente auf einem Polyacrylamidgel erfolgt ihre Detektion über **Autoradiographie.** Dieses Verfahren beruht auf der Tatsache, dass ein Röntgenfilm durch radioaktive Strahlung an den entsprechenden Stellen geschwärzt wird und diese nach Entwicklung des Films als dunkle Banden sichtbar werden. Für die Autoradiographie wird der Röntgenfilm meist über Nacht auf das getrocknete Gel aufgelegt und später im Photolabor entwickelt. Man erhält so ein Abbild des Bandenmusters der DNA-Fragmente des Gels und kann die Sequenz wie zuvor beschrieben ablesen (Abbildung 9.2).

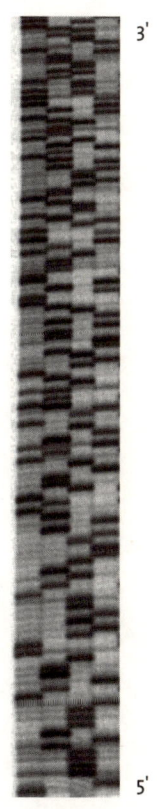

GATC

Abb. 9.2.
Ausschnitt eines Bandenmusters nach radioaktiver Sequenzierung.

9.2.2 Nichtradioaktive Markierung mit Fluoreszenz- farbstoffen und Detektion mittels Laser

Eine interessante und moderne Alternative zum gesundheits- gefährdenden radioaktiven Sequenzieren ist die nicht-radi- oaktive Markierung der Fragmente mit Fluoreszenzfarbstof- fen. Hierbei erfolgt der Nachweis der fluoreszenzmarkierten DNA-Fragmente mit Hilfe eines **automatischen Sequen- zierers** – wir müssen also im Anschluss an die Elektro- phorese keinen Röntgenfilm auf das Gel auflegen, wie wir es bei der radioaktiven Sequenzierung kennen gelernt ha- ben.

Ein automatischer Sequenzierer besteht im Wesentlichen aus einer Polyacrylamid-Gelelektrophorese-Einheit, auf der die markierten Reaktionsprodukte aufgetragen und anschlie- ßend aufgetrennt werden, sowie einem Laser, der die DNA- Fragmente beim Durchwandern des Gels an einem bestimm- ten Punkt erfasst. Die Fluoreszenzfarbstoffe der markierten Fragmente werden von diesem Laser angeregt, das emittierte Licht wird von einem Detektor registriert und das Signal auf der Festplatte des angeschlossenen Computers gespeichert. Mit einem geeigneten Computerprogramm erfolgt dann eine Aufbereitung der Rohdaten. Die den einzelnen Nukleotiden entsprechenden Banden werden als „Peaks" in einem Chro- matogramm dargestellt (Abbildung 9.3).

Für die Markierung der DNA-Fragmente besteht auch hier wiederum die Möglichkeit, den verwendeten Primer oder die ddNTPS markieren zu lassen. Fluoreszenzmarkierte dNTPS werden in diesem Fall nicht eingesetzt, weil die sehr großen Moleküle der Fluoreszenzfarbstoffe beim Einbau in den neusynthetisierten DNA-Strang das Laufverhalten der Fragmente im Gel erheblich verändern würden. Als Fluo- reszenzfarbstoffe stehen verschiedene Farbstoffe zur Verfü- gung, die z. B. mit 6-FAM, HEX, ROX oder NED bezeichnet werden.

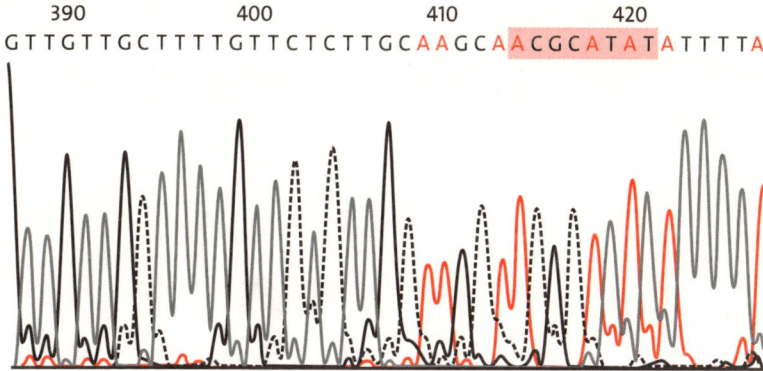

Abb. 9.3.
Ausschnitt aus einem Chromatogramm nach nicht-radioaktiver Sequenzierung. Jeder „Peak" entspricht einer bestimmten Base, wobei im abgebildeten Beispiel die As mit einer roten Kurve, die Cs mit einer schwarzen gestrichelten, die Gs mit einer schwarzen durchgezogenen und die Ts mit einer hellgrauen Kurve dargestellt werden. Im Original werden hierfür meist vier verschiedene Farben verwendet. Die rot unterlegte Sequenz entspricht dem DNA-Abschnitt, der im Beispiel der Abbildung 9.1 sequenziert wurde.

10 Blotting und Hybridisieren

In den vorangegangenen Kapiteln haben wir verschiedene Methoden kennen gelernt, mit deren Hilfe man gewisse DNA-Abschnitte aus einem Organismus oder auch nur aus einzelnen Zellen in ausreichender Menge isolieren kann. Im Anschluss an solche Versuche will man häufig diese DNA-Abschnitte z. B. in bestimmten Gewebeproben des betreffenden Organismus wieder auffinden. Verdeutlichen wir diese Problematik an einem Beispiel: Aus einer rot blühenden Rose wird genomische DNA isoliert, die als Template in einer PCR eingesetzt wird. Ein 400 bp großes PCR-Fragment kann aus dem Gel isoliert und anschließend sequenziert werden. Nun interessieren uns folgende Fragestellungen:

- Kommen ähnliche bzw. homologe Sequenzen auch bei einer anderen Rosensorte (z. B. mit gelben Blüten) vor?
- Wie groß ist die entsprechende mRNA?
- In welchen Geweben der roten Rose (Blüte, Blatt, Wurzel etc.) wird diese mRNA gebildet?
- Gibt es in einzelnen Entwicklungsstadien der Rose (Keimling, blühende Pflanze) Unterschiede in der Expression dieses Gens?
- Wie groß sind die einzelnen Introns (nicht-codierende Sequenzen) des betreffenden Gens?

Um solche und ähnliche Fragestellungen zu bearbeiten, bieten sich die verschiedenen Techniken des Blottings mit anschließender Hybridisierung und Detektion der Zielsequenzen an.

10.1 Methoden des Blottings

Unter Blotting versteht man ganz allgemein die Übertragung oder den Transfer von elektrophoretisch aufgetrennten

Makromolekülen aus Gelen auf spezielle Filter oder Membranen. Dies hat zunächst einmal den Vorteil, dass wir eine dauerhafte Kopie des Gels erzeugt haben – die Filter oder Membranen können im Gegensatz zu Elektrophoresegelen sehr lange gelagert werden. Bei den übertragenen Makromolekülen kann es sich um DNA, RNA oder auch um Proteine handeln. Verwendet man DNA, so wird die Membran mit der übertragenen DNA nach der von EDWIN M. SOUTHERN 1975 veröffentlichten Methode **„Southern Blot"** genannt. Blots mit RNA werden als **„Northern Blots"** bezeichnet, werden Proteine übertragen und fixiert spricht man von **„Western Blots",** „Eastern Blots" gibt es allerdings noch nicht! Uns interessiert im Folgenden das Blotting mit Nukleinsäuren, wobei der methodische Ablauf ausführlicher am Beispiel eines Southern Blots vorgestellt wird.

10.1.1 Southern Blot

Southern Blots werden im Allgemeinen dazu verwendet, um in einem Gemisch von DNA-Fragmenten das Vorhandensein einer ganz bestimmten Sequenz nachzuweisen. So kann man z.B. über einen Southern Blot untersuchen, in wie vielen Kopien bestimmte Gene im Erbgut eines Organismus vorkommen oder ob es zu einem fraglichen Gen im Genom desselben oder eines anderen Organismus ähnliche (homologe) Gene gibt. Bei unserem eingangs dargelegten „Rote-Rosen-Beispiel" würden wir also einen Southern Blot durchführen, um nachzuweisen, ob Rosen mit gelben Blüten das gleiche Gen tragen.

Zur Durchführung eines Southern Blots (Abbildung 10.1) wird die DNA der zu untersuchenden Proben (also z.B. genomische DNA von roten und gelben Rosen) zunächst mit einem oder mehreren **Restriktionsenzymen** geschnitten, wodurch unterschiedlich lange DNA-Fragmente entstehen. Diese Fragmente werden auf einem **Agarosegel** elektrophoretisch aufgetrennt. Um sicher zu gehen, dass der Restriktionsverdau auch vollständig war, kann das Gel nach der Elektrophorese wie in Kapitel 6.2 beschrieben mit Ethidiumbromid angefärbt und die DNA sichtbar gemacht werden. Dabei ist allerdings statt klarer Banden meist nur ein „Schmier" auf dem Gel zu sehen, da bei der Verwendung von gesamt-genomischer DNA die Restriktionsenzyme sehr

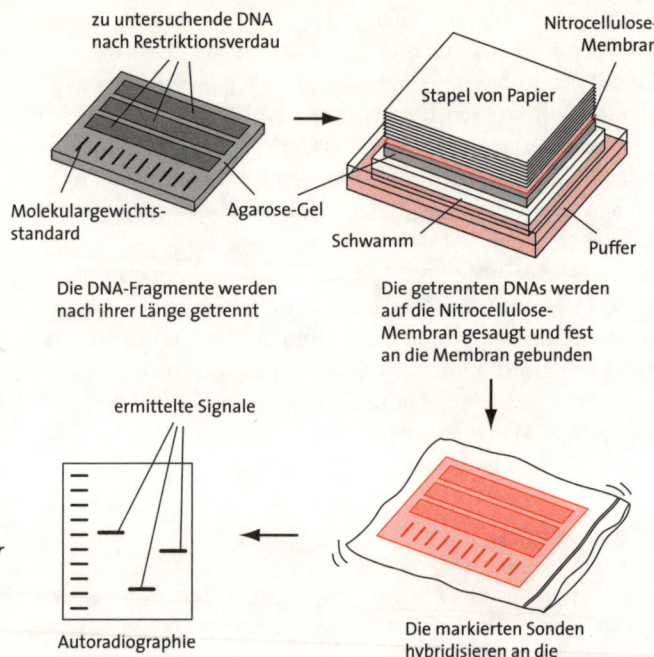

zu untersuchende DNA
nach Restriktionsverdau

Nitrocellulose-
Membran

Stapel von Papier

Molekulargewichts-
standard

Agarose-Gel

Schwamm

Puffer

Die DNA-Fragmente werden
nach ihrer Länge getrennt

Die getrennten DNAs werden
auf die Nitrocellulose-
Membran gesaugt und fest
an die Membran gebunden

ermittelte Signale

Autoradiographie

Die markierten Sonden
hybridisieren an die
gebundenen DNAs

Abb. 10.1.
*Ablauf eines Southern Blots.
Ein Restriktionsverdau genomischer DNA wird elektro-
phoretisch aufgetrennt und
die Fragmente werden über
einen Kapillartransfer auf
eine Membran übertragen.
Nach Hybridisierung mit einer
(radioaktiv) markierten Sonde wird ein Röntgenfilm auf
die Membran aufgelegt und
die Signale über Autoradiographie detektiert.*

oft schneiden und somit sehr viele DNA-Stücke entstehen. Diese können in ihrer Länge überlappen und daher elektrophoretisch nicht sauber voneinander getrennt werden.

Nach der Elektrophorese wird das gesamte Gel in eine **alkalische Pufferlösung** (meist 0,5 M NaOH) gelegt, wodurch die DNA-Doppelstränge der einzelnen Fragmente denaturiert werden, so dass die DNA einzelsträngig vorliegt.

Im nächsten Schritt kommt es zum eigentlichen Blotting, für das es unterschiedliche Verfahren gibt. Bei der wohl gängigsten Methode erfolgt das Blotting in einem hoch konzentrierten **Salzpuffer** (z. B. 10 × SSC, eine Lösung bestehend aus 1,5 M NaCl und 0,15 M NaCitrat). Hierzu legt man eine **Membran** (aus Nitrocellulose oder Nylon) auf das Gel, welches sich über einer mit Puffer gefüllten Schale befindet. Über der Membran schichtet man mehrere Lagen saugfähiges Filterpapier übereinander. Nun wird der Salzpuffer unter Ausnutzung von **Kapillarkräften** durch das Gel hindurch gesaugt (Abbildung 10.2). Die DNA-Fragmente wandern mit der Pufferlösung mit und werden so auf die Membran

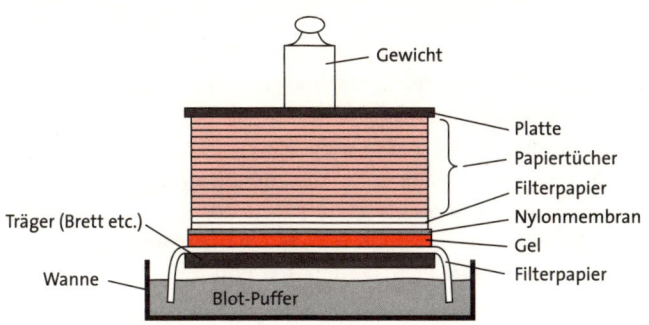

Abb. 10.2.
Aufbau eines Kapillartrans-fers für einen Southern- oder Northern Blot.

übertragen. Um zu gewährleisten, dass möglichst alle DNA-Fragmente übertragen werden, gibt man dem Transfer bis zu 14 h Zeit. Als Alternative wird für den Transfer häufig auch ein **Vakuum-Blotter** verwendet, bei dem der Puffer unter Vakuum durch das Gel hindurch gesaugt wird, wodurch die Transferzeit erheblich verkürzt wird. Unabhängig von der verwendeten Methode muss im Anschluss an das Blotting die übertragene DNA noch auf der Membran **fixiert** werden. Hierzu wird die Membran entweder kurz mit UV-Licht bestrahlt (man nennt diesen Vorgang auch **cross-linking**) oder für 1 bis 2 h bei 80 °C „gebacken".

Nun kann die Hybridisierung der einzelsträngigen DNA-Fragmente auf der Membran mit einer markierten DNA-Sequenz des gesuchten Gens erfolgen – die hierfür erforderlichen Schritte wollen wir in den Kapiteln 10.2 und 10.3 betrachten.

10.1.2 Northern Blot

Der methodische Ablauf des Northern Blots ähnelt dem des Southern Blots, nur dass in diesem Fall RNA elektrophoretisch aufgetrennt wird. Da für RNA-Gele denaturierende Bedingungen gewählt werden (→ *Kapitel 6.4*), ist eine an die Gelelektrophorese anschließende weitere Denaturierung – wie wir es zuvor bei den DNA-Fragmenten kennen gelernt haben – nicht mehr nötig. Das eigentliche Blotting und der Nachweis spezifischer RNA erfolgen wie beim Southern Blot.

Northern Blots werden vor allem zum Nachweis der Expression bestimmter Gene eingesetzt. Ist z.B. die Sequenz eines bestimmten Gens bereits bekannt, kann man über eine

Northern-Blot-Analyse feststellen, ob die entsprechende mRNA in verschiedenen Geweben des jeweiligen Organismus oder zu unterschiedlichen Entwicklungszeitpunkten tatsächlich gebildet wird.

Kommen wir kurz auf unser „Rosen-Beispiel" zurück: Um zu klären, wie groß die mRNA ist, die unserem PCR-Produkt entspricht und in welchen Geweben der Rose diese mRNA exprimiert wird, extrahiert man in einem ersten Schritt RNA aus verschiedenen Pflanzenteilen, trennt diese elektrophoretisch auf und blottet sie auf eine Membran.

10.1.3 Screening von cDNA- und genomischen Genbanken

Wie wir in Kapitel 7.3 erfahren haben, enthalten Genbanken idealerweise alle DNA-Sequenzen eines Organismus, die als Fragmente in einen Klonierungsvektor eingebaut und in Wirtszellen (Bakterien oder Phagen) vermehrt worden sind.

Für die Suche nach einem bestimmten Gen oder einem DNA-Abschnitt in einer cDNA- oder genomischen Genbank wendet man nun ein vergleichsweise einfaches Blotting-Verfahren an: Nachdem die rekombinanten Bakterien oder Phagen auf einer Agarplatte ausplattiert worden sind und einzelne Kolonien entstanden sind, werden vollständige Bakterienkolonien von der Agarplatte auf Nitrocellulose-Membranen übertragen (Abbildung 10.3). Hierzu wird eine Membran auf die bewachsene Agarplatte aufgelegt, wobei eine Saugspannung entsteht, die das Blotting, d.h. in diesem Fall die Übertragung der Kolonien auf die Membran, gewährleistet. Man nennt dieses Verfahren auch **Koloniehybridisierung** bzw., falls sich die Genbank in einem Phagen befindet, **Plaquehybridisierung.** Die übertragenen Bakterien oder Phagen werden dann lysiert, ihre DNA alkalisch denaturiert und auf der Membran fixiert. Diese wird anschließend mit einem markierten DNA-Abschnitt des gesuchten Gens hybridisiert. Der Nachweis der gesuchten Sequenz erfolgt dann radioaktiv oder immunologisch (→ *Kapitel 10.2* und *10.3*). Kolonie-Abdrücke, an denen das markierte DNA-Fragment aufgrund von Sequenzhomologien gebunden hat, werden dann der entsprechenden Stammkolonie anhand anfangs angebrachter Markierungen auf der Referenz-Agarplatte zugeordnet. Die so ermittelten rekombinanten Kolonien mit dem gewünschten Gen können nun für die weitere Vermehrung, DNA-Extraktion etc. von der Agarplatte entnommen werden.

Im Falle des oben aufgeführten „Rosen-Beispiels" werden wir eine genomische DNA-Bank der roten Rose nach dem betreffenden Gen absuchen, um zu bestimmen, wie groß z. B. die einzelnen Introns des Gens sind.

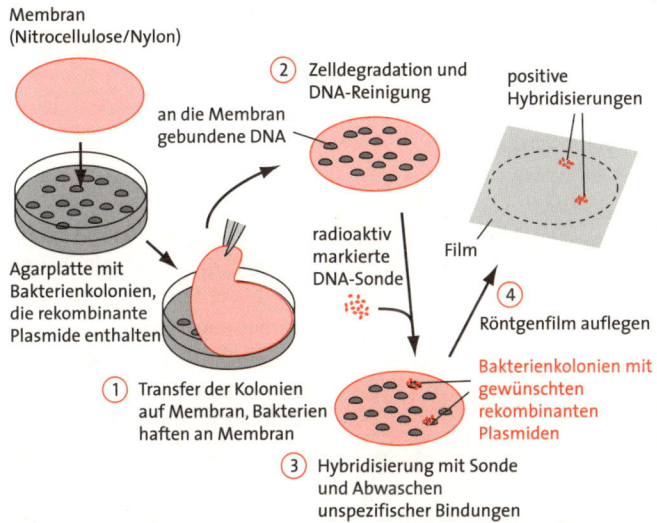

Abb. 10.3.
Schematischer Ablauf einer Koloniehybridisierung. Durch Auflegen einer Membran auf eine Agarplatte mit Bakterienkolonien wird ein „Stempelabdruck" der Kolonien dieser Platte erzeugt. Die Bakterienzellen auf der Membran werden abgebaut und die freie, an die Membran gebundene DNA mit einer radioaktiv markierten Sonde hybridisiert. Nach Abwaschen nicht-gebundener Sonde wird ein Röntgenfilm auf die Membran aufgelegt und die Signale über Autoradiographie detektiert. Kolonie-Abdrücke, mit denen die Sonde hybridisiert hat, werden dann den entsprechenden „Stammkolonien" auf der Referenz-Agarplatte zugeordnet.

10.2 Herstellung der Sonden, Markierung von DNA

Nach dem Blotten befinden sich die elektrophoretisch aufgetrennten Makromoleküle bzw. die DNA von Bakterienkolonie-Abdrücken auf den jeweiligen Membranen. Nun wollen wir im nächsten Schritt in diesem Molekülgemisch bestimmte DNA- oder RNA-Abschnitte nachweisen. Hierzu arbeitet man mit so genannten **Sonden** (engl.: probe). Das sind einzelsträngige, markierte DNA- oder RNA-Moleküle, die komplementär zu der gesuchten Sequenz im Untersuchungsmaterial sind. Ein Beispiel für eine Sonde wäre ein kurzes DNA-Fragment, das mittels PCR gewonnen wurde (z. B. das 400 bp große Rosen-PCR-Produkt), und zu dem nun das entsprechende vollständige Gen in einer Genbank ausfindig gemacht werden soll. Diese Sonde wird nur an diejenige DNA aus Kolonien der Genbank binden, welche die komplementäre Sequenz oder zumindest Teile davon beinhalten.

Die Markierung einer Sonde erfolgt entweder radioaktiv oder (heutzutage zunehmend) nicht-radioaktiv. Für eine radioaktive Markierung verwendet man meist Nukleotide, die ein radioaktives Phosphorisotop enthalten (z.B. ^{32}P-dATP). Für nicht-radioaktive Markierungsverfahren hat sich vor allem der Einsatz der Verbindungen Biotin oder Digoxigenin bewährt. In beiden Fällen werden dieselben Techniken eingesetzt, um die Sonden zu markieren.

10.2.1 Markierung der Sonden über Nick-Translation

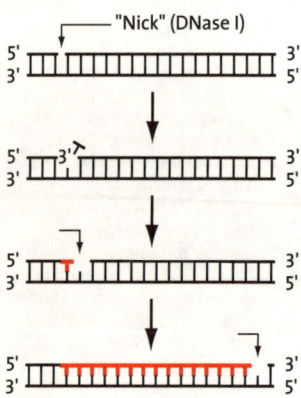

Bei der Markierung der Sonden mittels Nick-Translation macht man sich die Enzyme DNase I und DNA-Polymerase I (→ *Kapitel 4.1* und *Kapitel 4.4*) zu Nutze. Durch Behandlung der Sonde mit **DNase I** werden zunächst Einzelstrangbrüche (**Nicks**) herbeigeführt, die dann durch die 5'→ 3'-Exonuklease-Aktivität der **DNA-Polymerase I** zu Lücken erweitert werden. Die Polymerase-Aktivität desselben Enzyms füllt dann die Lücken durch Einbau neuer Nukleotide wieder auf. Findet sie dazu nur markierte Nukleotide im Reaktionsansatz vor, ist der neu entstandene DNA-Strang ebenfalls entsprechend markiert (Abbildung 10.4).

Abb. 10.4.
Markierung eines DNA-Stranges durch Nick-Translation. DNase I setzt einen „Nick", DNA-Polymerase I löst Schritt für Schritt weitere Nukleotide ab und füllt die entstandene Lücke durch Einbau markierter Nukleotide wieder auf.

10.2.2 Markierung der Sonden über Oligolabelling oder PCR

Für das Oligolabelling-Verfahren werden kurze Oligonukleotide (**Hexamere**) eingesetzt. Wir haben diese Art von Primern schon im Zusammenhang mit der Durchführung einer RT-PCR (→ *Kapitel 8.2.2*) kennen gelernt. Diese Hexamere lagern sich zufällig (engl.: random; das Verfahren wird daher auch als „Random primer labelling" oder „Random priming" bezeichnet) an komplementäre Sequenzen auf einem DNA-Einzelstrang an. Dazu wird der DNA-Doppelstrang zunächst denaturiert, dann erfolgt die erwähnte Anlagerung der Hexamere an ihre Zielsequenzen. Nun setzt eine Polymerase, häufig wird hierfür z.B. die Klenow-Polymerase (→ *Kapitel 4.4*) verwendet, am 3'-Ende der Primer an und synthetisiert unter Verwendung von markierten Nukleotiden den entsprechenden, komplementären Strang (Abbildung 10.5).

Über ein ähnliches Verfahren können Nukleinsäure-Stücke natürlich auch mit Hilfe von genspezifischen Primern in einer „Standard-PCR" (→ *Kapitel 8.1*) markiert werden. Werden die Sonden mit dieser Methode radioaktiv markiert, ist allerdings die spezifische Aktivität (definiert als das Maß für die pro Sekunde zerfallenden Atomkerne, Einheit Becquerel) der Sonde eher gering. Daher eignet sich dieses PCR-Verfahren besonders zur nicht-radioaktiven Markierung von Sonden, während man für eine radioaktive Markierung eher das Oligolabelling-Verfahren vorziehen wird.

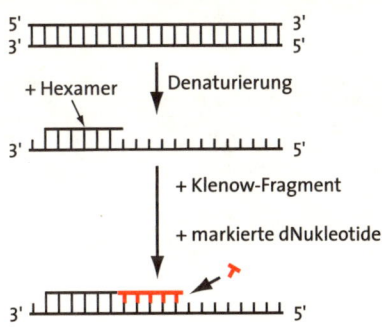

Abb. 10.5.
Markierung eines DNA-Stranges durch Oligolabelling. Nach Denaturierung des DNA-Doppelstranges lagern sich Hexamere an, von denen ausgehend die Klenow-Polymerase unter Verwendung von markierten Nukleotiden den entsprechenden komplementären Strang synthetisiert.

10.3 Hybridisieren und Detektion

Nun haben wir die jeweiligen Nukleinsäuren erfolgreich auf eine Membran übertragen sowie die benötigten Sonden entsprechend markiert: Damit kann im nächsten Schritt der Nachweis der gewünschten Zielsequenz auf der Membran erfolgen.

Das Nachweisverfahren beruht auf einer **Hybridisierung.** Darunter versteht man den Vorgang, dass sich zwei einzelsträngige Nukleinsäurestränge (hier: die markierte Sonde und die Nukleinsäure auf der Membran) nach den Regeln der komplementären Basenpaarung zusammenlagern und eine „Hybride" (engl.: hybrid = Mischling, Kreuzung) bilden. Dabei müssen die beiden Stränge nicht 100%ig zueinander passen, um sich stabil zusammen zu fügen. Tatsächlich sind auch **heterologe** Hybridisierungen möglich (Abbildung 10.6), bei denen sich ähnliche, aber nicht völlig identische Nukleinsäuresequenzen zusammenlagern. Die eingesetzten Sonden werden dann auch als heterologe Sonden bezeichnet.

Eine Hybridisierung erfolgt nun, in dem man die Membran und damit die an sie gebundene einzelsträngige Nukleinsäure in einer Hybridisierungslösung inkubiert, die als wichtigste Komponente eine markierte, einzelsträngige Sonde enthält. Während der Inkubationszeit – meist lässt man eine Hybridisierung über Nacht stattfinden – bindet die Sonde

Abb. 10.6.
Bildung einer Hybride aus zwei ähnlichen DNA-Einzel-strängen. Auch wenn nicht alle Bereiche der beiden DNA-Stränge identisch sind, kann die an einzelnen Abschnitten entstandene Basenpaarung ausreichend stabil sein.

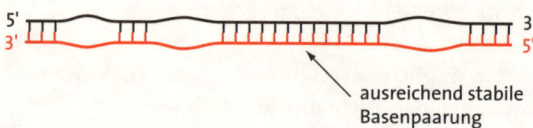

ausreichend stabile
Basenpaarung

an identische (homologe) oder nah verwandte (heterologe) Sequenzen auf der Membran. Nach dem Waschen der Membran, das den Zweck hat, unspezifisch oder nicht gebundene Sonden-Moleküle zu entfernen, erfolgt dann der Nachweis (die Detektion) der gebundenen Sonde auf der Membran. Mit welchem Verfahren dies geschieht, hängt u.a. davon ab, ob die Sonde radioaktiv oder nicht-radioaktiv markiert wurde.

10.3.1 Nachweis der gebundenen Sonde über Autoradiographie

Wurde die zur Hybridisierung eingesetzte Sonde radioaktiv markiert, so kann die Lage der gebundenen Sonde über Autoradiographie nachgewiesen werden. Dieses Verfahren wurde schon im Kapitel 9.2.1 (Sequenzierung) vorgestellt. Hierzu wird ein Röntgenfilm für eine gewisse Zeit (Minuten bis Tage) auf die Membran aufgelegt und anschließend entwickelt. Durch die radioaktive Strahlung der gebundenen Sonde wird der Film an den entsprechenden Stellen geschwärzt, wodurch wir die Position der hybridisierten Moleküle auf der Membran bestimmen können.

10.3.2 Immunologischer Nachweis nicht-radioaktiv markierter Sonden

Bei einer nicht-radioaktiven Markierung der Sonde, z.B. mit Biotin oder Digoxigenin, ist zwar das Verfahren zur Herstellung der Sonden dasselbe wie bei der radioaktiven Markierung (→ *Kapitel 10.2*), die Visualisierung der gebundenen Sonde erfordert aber einige zusätzliche Arbeitsschritte.

Das Prinzip beruht dabei auf einer Antikörpermarkierung, man spricht daher auch von einer Immunfärbung. Für diesen immunologischen Nachweis wird die Membran zunächst mit einem gegen die markierte Sonde gerichteten **Antikörper** inkubiert, der die Markierung erkennt und daran bindet (Abbildung 10.7). Wurde die Sonde z.B. mit dem Vitamin

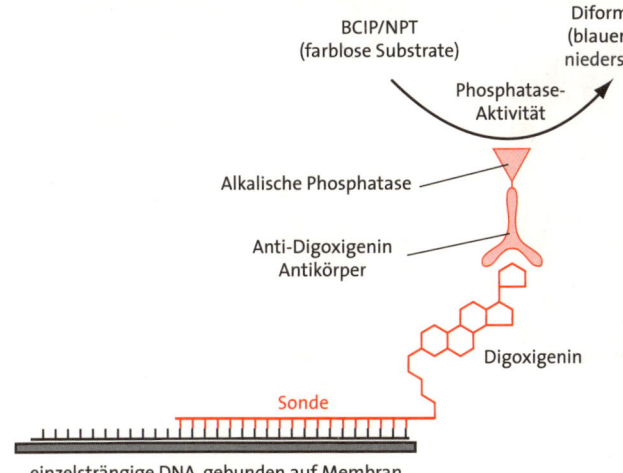

BCIP/NPT
(farblose Substrate)

Diformazan
(blauer Farb-
niederschlag)

Phosphatase-
Aktivität

Alkalische Phosphatase

Anti-Digoxigenin
Antikörper

Digoxigenin

Sonde

einzelsträngige DNA, gebunden auf Membran

Abb. 10.7.
Nachweis nicht-radioaktiv markierter DNA am Beispiel einer Markierung der Sonde mit Digoxigenin. Der immunologische Nachweis erfolgt mit Hilfe eines Anti-Digoxigenin-Antikörpers, an den ein Enzym (Alkalische Phosphatase) gebunden ist, das die farblosen Substanzen NBT und BCIP zu einem blauvioletten Niederschlag auf der Membran umsetzt.

Biotin markiert, werden als Antikörper die Proteine Avidin oder Streptavidin verwendet, die mit hoher Affinität an Biotin binden. Außerdem ist an diesen Antikörper ein Enzym gekoppelt, das eine bestimmte Farbreaktion katalysiert. Häufig wird hierfür das Enzym **Alkalische Phosphatase** verwendet, das die farblosen Substrate BCIP (5-Bromo-4-chloro-3-indolylphosphat) und NBT (Nitroblautetrazoliumchlorid) zu einem blauen Farbniederschlag umsetzt. Wird die Membran im letzten Schritt mit einem passenden Substrat inkubiert, so werden farbige Banden auf der Membran sichtbar, und zwar an den Stellen, an denen die markierte Sonde mit der einzelsträngigen membrangebundenen DNA hybridisiert hat.

Eine andere Möglichkeit, die Aktivität des enzymgekoppelten Antikörpers nachzuweisen, besteht in der Anwendung von **Chemilumineszenz.** Hierbei setzen die Enzyme ein Substrat um, das Licht produziert, welches man, wie bei der Autoradiographie, mit Hilfe eines Röntgenfilms nachweisen kann.

Zusammenfassung Blotting, Hybridisieren und Detektion:

Nun haben wir soeben verschiedene, z.T. recht umfassende Varianten und Methoden des Blottings und Hybridisierens

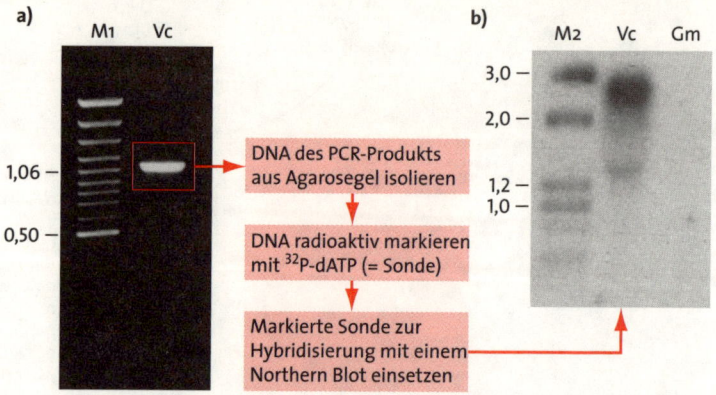

Abb. 10.8.
Durchführung eines Northern Blots am Beispiel der Analyse eines Gens der Wespe Venturia canescens (REINEKE et al. 2002). In a) wird ein etwa 1,0 kb großes RT-PCR-Produkt der Wespe (Venturia canescens, Vc) nach gelelektrophoretischer Auftrennung isoliert und radioaktiv markiert. Diese Sonde wird dann zur Hybridisierung mit einer Membran einge-

setzt, auf die RNA der Wespe (Vc) und einer Motte (Galleria mellonella, Gm) geblottet wurde (b). Nur die RNA der Wespe hybridisiert mit der Sonde, die entstehenden Signale werden über Autoradiographie nachgewiesen. M1 und M2 bezeichnen zwei verschiedene Molekulargewichtsstandards, von denen die Größen einiger Banden angegeben sind (in kb).

kennen gelernt. Die einzelnen notwendigen Arbeitsschritte wollen wir noch einmal an einem in der Abbildung 10.8 gezeigten Beispiel verdeutlichen:

In diesem Beispiel soll ein bestimmtes Gen aus einer kleinen Wespenart *(Venturia canescens)* untersucht werden. Hierzu wird zuerst RNA aus dem Hinterleib der Wespe isoliert.

In einer RT-PCR mit dieser RNA wird dann unter Verwendung von degenerierten Primern eine etwa 1,0 kb große Bande amplifiziert. Das PCR-Produkt wird, wie in Abbildung 10.8a) gezeigt, auf einem Gel aufgetragen, mit Ethidiumbromid angefärbt und die Bande aus dem Gel ausgeschnitten. Die DNA des PCR-Produkts wird aus dem Gelstückchen isoliert und anschließend mittels einer Nick-Translation und ^{32}P-dATP radioaktiv markiert. Damit steht eine Sonde für Hybridisierungen zur Verfügung.

Nun soll geklärt werden, wie groß die entsprechende mRNA des Wespen-Gens ist und ob dasselbe Gen auch bei einem anderen Insekt, der Motte *Galleria mellonella,* exprimiert wird. Hierzu wird – wieder aus jeweils einem Tier beider Arten – RNA isoliert, auf einem denaturierenden Agarosegel aufgetragen und auf eine Nylonmembran geblottet. Zur Hybridisierung wird dann das radioaktiv markierte RT-PCR-Produkt als Sonde eingesetzt. Anschließend wird über Nacht ein Röntgenfilm auf die Membran aufgelegt, der am nächsten Tag im Fotolabor entwickelt wird.

In Abbildung 10.8b) sehen wir nun, dass die Sonde mit einer mRNA der Wespe hybridisiert hat, die etwa 2,5 kb groß ist. Dies entspricht etwa der Größe der vollständigen mRNA des gesuchten Gens. Ein zweites, sehr viel schwächeres Signal ist bei etwa 1,3 kb zu finden. Hierbei handelt es sich höchst wahrscheinlich um eine andere mRNA, die Sequenzähnlichkeiten zu dem zu untersuchenden Gen aufweist. Bei RNA der anderen Insektenart hat keine Hybridisierung mit der Sonde stattgefunden, was darauf hinweist, dass dieses Gen dort nicht exprimiert wird.

11 Analyse der Genexpression mit Hilfe von Microarrays (Gen-Chips)

Die z.T. doch sehr komplexen Lebensvorgänge höherer Organismen werden nicht nur von einem einzigen Gen und dessen Produkten gesteuert, sondern von einer Vielzahl von Genen, die in bestimmter Art und Weise miteinander interagieren. Allerdings war es bis vor kurzem mit den zur Verfügung stehenden Methoden nur möglich, die Aktivität eines einzelnen Gens zu erfassen und die entsprechend gebildete mRNA-Menge zu quantifizieren. Einen Teil der hierfür einsetzbaren Techniken haben wir in den vorausgegangenen Kapiteln kennen gelernt (z.B. Northern Blot, RT-PCR).

Eine erst kürzlich entwickelte Methode zur Analyse der Genexpression stellt die so genannte **Microarray-Technologie** dar (SCHENA et al. 1995). Sie ermöglicht es, nicht nur einzelne Gene, sondern auch Tausende von Genen gleichzeitig (in einem einzigen Experiment!) zu untersuchen, um sich so ein Gesamtbild über die Genexpression in bestimmten Zellen oder Geweben zu verschaffen. Damit kann die Aktivität aller Gene des betreffenden Organismus erfasst und ihre Bedeutung für die Ausprägung des zu untersuchenden Merkmals bestimmt werden.

Betrachten wir kurz den methodischen Ablauf der Microarray-Technologie: Microarrays werden auch als **„Gen-Chips"** oder **„Biochips"** bezeichnet, wobei diese Terminologie darauf hindeutet, womit wir es eigentlich zu tun haben: mit viel Information auf kleinem Raum! Genauer gesagt handelt es sich um einen Glas-Objektträger oder um eine Nylonmembran, auf dem Tausende von DNA-Molekülen auf wenigen Quadratzentimetern angeordnet sind.

Welche Art von DNA-Molekülen kommen hierfür in Frage? Zum einen können einzelne Gene eines Organismus mit Hilfe von PCR vermehrt und anschließend auf solche Chips übertragen werden. Dies ist besonders dann praktikabel, wenn das betreffende Genom bereits komplett sequenziert ist. Eine weitere Möglichkeit, Microarrays zu erzeugen, besteht in der Nutzung von cDNA-Bibliotheken, aus denen alle verfügbaren Klone ebenfalls mit Hilfe von PCR vervielfältigt und dann auf den Chip transferiert werden. Hierfür arbeitet man übrigens mit speziellen Robotern (so genannte arrayer), die in der Lage sind, die jeweiligen Proben als „Spots" in außerordentlich hoher Dichte aufzutragen. Man unterscheidet dabei **Makroarrays** mit einer Spotgröße von > 300 µm und **Microarrays,** bei denen die Spots < 200 µm groß sind. Je nach Größe der Spots ist eine Dichte von 100 bis 2 500 Spots pro cm^2 möglich. Schließlich werden auch Chips mit Oligonukleotiden hergestellt. Diese Oligonukleotide sind meist 60 bis 80 Nukleotide lang und werden auf der Basis von kurzen bekannten Sequenzabschnitten von cDNA (so genannten **expressed sequence tags, EST**) synthetisiert.

In einem Beispiel soll nun bei einem Schmetterling die Genexpression während zweier unterschiedlicher Entwicklungsstadien, Schmetterlingsraupe und adultes Tier, verglichen werden (Abbildung 11.1). Auf dem betreffenden Gen-Chip befindet sich in unserem Beispiel eine cDNA-Bank des Schmetterlings. Zur Herstellung der so genannten **Targets** (= Ziel-DNAs) wird aus der Raupe und dem erwachsenen Schmetterling mRNA extrahiert, die mit Hilfe von Reverser Transkriptase in cDNA umgeschrieben wird. Für die notwendigen Hybridisierungen werden diese cDNAs markiert, meist mit Hilfe von Fluoreszenzfarbstoffen oder Radioaktivität. Dabei liegt der Vorteil des Einsatzes von Fluoreszenzfarbstoffen darin, dass cDNAs der beiden Proben mit jeweils unterschiedlichen Fluoreszenzfarbstoffen markiert werden können und die Hybridisierungsreaktionen gleichzeitig durchführbar sind.

Im Beispiel der Abbildung 11.1 wird die cDNA der Raupe mit einem dunkelgrauen, die des Schmetterlings mit einem rotem Fluoreszenzfarbstoff markiert. Anschließend werden diese markierten cDNA-Sonden auf den Gen-Chip gegeben und hybridisieren an den passenden Stellen mit den auf dem Chip gebundenen cDNA-Spots. Nach der Hybridisierung werden unspezifisch gebundene Sonden entfernt und die Chips mit Hilfe eines Fluoreszenzscanners oder Phosphoimagers (bei Verwendung von Radioaktivität) gescannt. Die so erhaltenen Bilder werden über eine computergestützte Bildanalyse ausgewertet.

In unserem Beispiel sehen wir in Abbildung 11.1 drei verschiedenfarbige Spots: Grau-rote Spots haben in etwa gleiche Mengen an rot und dunkelgrau markierter cDNA-Sonde gebunden: Die entsprechenden Gene werden also in beiden Entwicklungsstadien des Schmetterlings gleich stark exprimiert. Rote Spots entsprechen Genen, deren mRNAs verstärkt nur bei dem ausgewachsenen Schmetterling gebildet wurden, während dunkelgraue Spots solche Gene bezeichnen, die eine erhöhte Expression in dem Entwicklungsstadium der Raupe aufweisen. Die Intensität der Färbung dieser Spots kann dann mit Hilfe geeigneter Software ausgewertet,

Abb. 11.1.

Analyse der Genexpression in zwei verschiedenen Entwicklungsstadien eines Schmetterlings mit Hilfe von Microarrays. Aus der Raupe bzw. dem adulten Schmetterling wird mRNA extrahiert und mit Hilfe von Reverser Transkriptase in einzelsträngige cDNA umgeschrieben. Die beiden cDNAs werden jeweils mit einem bestimmten Fluoreszenzfarbstoff (z. B. Cy3 und Cy5) markiert und gleichzeitig als Sonde auf einem DNA-Chip, auf dem sich eine cDNA-Bank des Schmetterlings befindet, eingesetzt. Ein Fluoreszenzscanner detektiert die entstandenen Signale, die weitere Auswertung erfolgt mit Hilfe geeigneter Software.

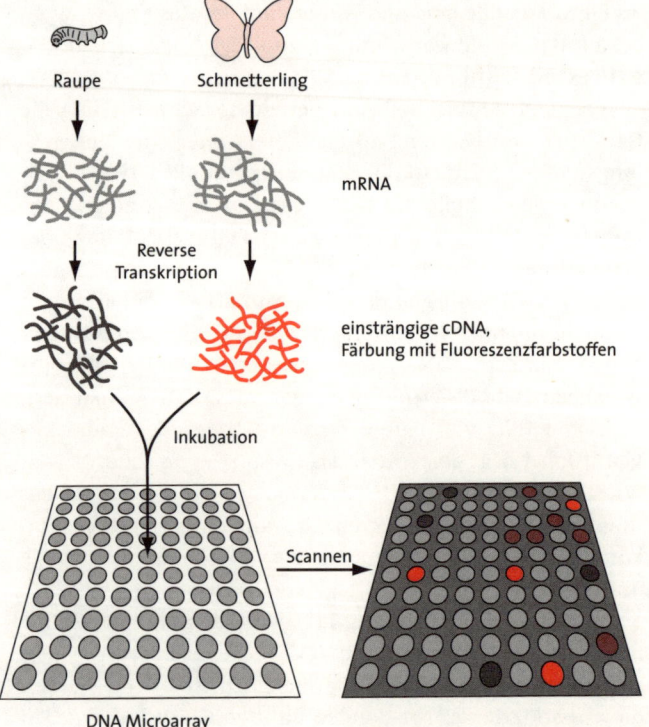

Raupe   Schmetterling

mRNA

Reverse Transkription

einsträngige cDNA, Färbung mit Fluoreszenzfarbstoffen

Inkubation

Scannen

DNA Microarray

d.h. quantifiziert werden, so dass auch eine Aussage über die tatsächliche Menge an gebildeter mRNA in den Vergleichsproben möglich wird.

Die Anwendungen von Microarrays sind derzeit vielfältig: In den großen Genomprojekten (Beispiele hierfür wären das Human Genome Projekt des Menschen, aber auch die Arbeiten an Modellorganismen wie dem Ackerschmalwand *Arabidopsis thaliana* aus dem Pflanzenreich, der Taufliege *Drosophila melanogaster* sowie der Bäckerhefe *Saccharomyces cerevisiae*) dienen Microarrays der Identifikation von Genen, deren Funktion noch ungeklärt ist.

Ein weiterer Bereich, in dem die Microarray-Technik häufig eingesetzt wird, ist die medizinische Diagnostik und hier besonders die Krebsforschung: Über einen Vergleich der Genexpression in krankem und gesundem Gewebe wird es möglich, den entsprechenden genetischen Ursachen von Krankheiten auf die Spur zu kommen. Als neue Forschungsrichtungen wären außerdem noch die „Pharmacogenomics" und „Toxicogenomics" zu nennen. Ziel ist es hier, mit Hilfe von Microarrays die Ursachen für individuelle Unterschiede in der Reaktion auf pharmazeutische und toxische Substanzen herauszufinden. Hierzu zählen beispielsweise genetisch bedingte Arzneimittel-Unverträglichkeiten.

Literatur

Im Text zitierte Literatur:

ALBERTS, B., D. BRAY, J. LEWIS, M. RAFF, K. ROBERTS, J.D. WATSON (1994): Molecular Biology of the Cell. Garland Publishing, New York, 1294 S.

BIRNBOIM, H.C., J. DOLY (1979): A rapid alkaline extraction procedure for screening recombinant plasmid DNA. Nucleic Acids Research 7, 1513–1523.

BROWN, T.A. (1999): Gentechnologie für Einsteiger. Spektrum Akademischer Verlag, Heidelberg, Berlin, 367 S.

CHOMCZYNSKI, P., N. SACCHI (1987): Single-step method of RNA isolation by acid guanidine thiocyanate-phenol-chloroform extraction. Analytical Biochemistry 162, 156–159.

HANAHAN, D. (1983): Studies on transformation of *E. coli*. Journal of Molecular Biology 166, 557–580.

HEID, C.A., J. STEVENS, K.J. LIVAK, P.M. WILLIAMS (1996): Real-time quantitative PCR. Genome Research 6, 986–994.

LINDER, H. (1998): Biologie, 21. Auflage, Schroedel Verlag, Hannover, 480 S.

REINEKE, A., P. KARLOVSKY, C.P.W. ZEBITZ (1998): Preparation and purification of DNA from insects for AFLP-analysis. Insect Molecular Biology 7, 95–99.

REINEKE, A., S. ASGARI, G. MA, M. BECK, O. SCHMIDT (2002): Sequence analysis and expression of a virus-like particle protein, VLP2, from the parasitic wasp *Venturia canescens*. Insect Molecular Biology 11, 233–239.

REGENASS-KLOTZ, M. (2000): Grundzüge der Gentechnik. Birkhäuser Verlag, Basel, 147 S.

SAIKI, R.K., D.H. GELFAND, S. STOFFEL, S. SCHARF, R. HIGUCHI, G.T. HORN, K.B. MULLIS, H.A. ERLICH (1985): Primer-directed enzymatic amplification of DNA with a thermostable DNA polymerase. Science 239, 487–491.

SCHENA, M., D. SHALON, R.W. DAVIS, P.O. BROWN (1995): Quantitative monitoring of gene expression patterns with a complementary DNA microarray. Science 270: 467–470.

SCHMITTGEN, T.D., B.A. ZAKRAJSEK, A.G. MILLS, V. GORN, M.J. SINGER, M.W. REED (2000): Quantitative reverse transcription-polymerase chain reaction to study mRNA decay: comparison of endpoint and real-time methods. Analytical Biochemistry 285, 194–204.

SINGER, M., P. BERG (1992): Gene und Genome. Spektrum Akademischer Verlag, Heidelberg, Berlin, 896 S.

VOGELSTEIN, B., D. GILLESPIE (1979): Preparative and analytical purification of DNA from agarose. Proceedings of the National Academy of Science USA 76, 615–619.

WALKER, N.J. (2002): A technique whose time has come. Science 296, 557–559.

WILLIAMS, J.G.K., A.R. KUBELIK, K.J. LIVAK, J.A. RAFALSKI, S.V. TINGEY (1990): DNA polymorphisms amplified by arbitrary primers are useful as genetic markers. Nucleic Acids Research 18, 6531–6535.

Weiterführende Literatur:

Nachfolgend wird eine kleine Auswahl von deutschsprachigen Lehr- und Methodenbüchern präsentiert, die dem interessierten Leser zur Vertiefung und Ergänzung des in dem vorliegenden Buch vorgestellten Stoffes dienen können.

Lehrbücher der molekularen Genetik:

ALBERTS, B., D. BRAY, A. JOHNSON, J. LEWIS, M. RAFF, K. ROBERTS, P. WALTER (2001): Lehrbuch der Molekularen Zellbiologie. Wiley-VCH Verlag, Weinheim, 824 S.

BROWN, T.A. (2002): Gentechnologie für Einsteiger. Spektrum Akademischer Verlag, Heidelberg, Berlin, 360 S.

HAGEMANN, R., T. BÖRNER, F. SIEGEMUND (1999): Allgemeine Genetik. Spektrum Akademischer Verlag, Heidelberg, Berlin, 447 S.

HENNIG, W. (2002): Genetik. Springer, Berlin, 853 S.

KNIPPERS, R. (2001): Molekulare Genetik. Thieme, Stuttgart, 586 S.

LEWIN, B. (1998): Molekularbiologie der Gene. Spektrum Akademischer Verlag, Heidelberg, Berlin, 1000 S.

REHM, H., F. HAMMAR (2001): Biochemie light. Verlag Harri Deutsch, Frankfurt, 110 S.

Methodenbücher/Laborhandbücher:

MÜLHARDT, C. (2003): Der Experimentator: Molekularbiologie/Genomics. Spektrum Akademischer Verlag, Heidelberg, Berlin, 280 S.

MÜLLER, H.-J. (2001): PCR – Polymerase-Kettenreaktion. Das Methodenbuch. Spektrum Akademischer Verlag, Heidelberg, Berlin, 134 S.

REHM, H. (2002): Der Experimentator: Proteinbiochemie/Proteomics. Spektrum Akademischer Verlag, Heidelberg, Berlin, 270 S.

SCHRIMPF, G. (Herausgeber) (2002): Gentechnische Methoden. Spektrum Akademischer Verlag, Heidelberg, Berlin, 450 S.

Bildquellen:

Die Abbildungen fertigte Sabine Seifert, Stuttgart, nach Vorlagen der Autorin und aus der Literatur.

Glossar und Abkürzungsverzeichnis

Aktivator: Protein, das die Transkription eines Gens verstärkt

Amplifizierung: Vermehrung einer bestimmten DNA-Region in einer PCR

Annealing: Anlagerung eines Primers an seine Zielsequenz während einer PCR

Anticodon: Basentriplett auf einer tRNA, komplementär zum Codon einer mRNA

Autoradiographie: Methode zum Nachweis radioaktiv markierter DNA-Fragmente nach Sequenzierungen oder Blotting-Experimenten: Schwärzung eines Röntgenfilms durch radioaktive Strahlung

Bakteriophage: Virus, das Bakterienzellen befällt

Basenpaar: Zwei durch Wasserstoffbrücken miteinander verbundene komplementäre Nukleotide

Basenpaarung: Ausbildung von Wasserstoffbrückenbindungen zwischen den komplementären Basen zweier DNA-Einzelstränge

Basensequenz: Die fortlaufende Reihenfolge der Basen (Adenin, Guanin, Cytosin und Thymin bzw. Uracil) in der Nukleotidkette der DNA bzw. RNA

Blotting: Transfer von elektrophoretisch aufgetrennten Makromolekülen (DNA, RNA oder Proteine) von einem Gel auf einen Filter oder eine Membran

bp: Basenpaar

5'-Cap: „Kappe", bestehend aus einem methylierten Guanin am 5'-Ende einer mRNA

Capsid: Schutzhülle aus Proteinen, in die das Genom eines Virus eingeschlossen ist

cDNA: komplementäre DNA oder copy DNA; stellt eine exakte DNA-Kopie der mRNA des betreffenden Genabschnitts dar. cDNA wird mit Hilfe des Enzyms Reverse Transkriptase synthetisiert

cDNA-Bank: Gesamtheit aller codierenden DNA-Sequenzen eines Organismus, die als Fragmente in einen Klonierungsvektor eingebaut worden sind

Centromer: Region eines Chromosoms, an dem die beiden Chromatiden miteinander verbunden sind; sorgt für die richtige Verteilung der Chromosomen in Mitose und Meiose

Chargaff-Regeln: Nach ERWIN CHARGAFF ist in einem DNA-Doppelstrang immer gleich viel Adenin wie Thymin und Guanin wie Cytosin eingebaut und die Gesamtmenge der Purinbasen (A + G) entspricht der Gesamtmenge der Pyrimidinbasen (C + T)

Chromatide: Eine der beiden Spalthälften eines Chromosoms, erkennbar zwischen Pro- und Metaphase während der Mitose. Beide „Schwesterchromatiden" sind am Centromer miteinander verbunden

Chromatin: Komplex aus doppelsträngiger DNA und Nucleosomen; bildet als „verdrillter Faden" die Chromatiden

Codon: Basentriplett auf der mRNA, das komplementär zum Codogen der DNA und zum Anticidon der tRNA ist

cos-Stellen: cohesive end sites; Endstücke der linearen Bakteriophagen-DNA

Cosmid: Künstlich konstruierter Klonierungsvektor, der zusätzlich zu Plasmid-Eigenschaften die cos-Stellen eines Bakteriophagen enthält

CTAB: Cetyltrimethylammonium Bromid; Substanz zur Komplexierung von Polysacchariden bei einer DNA-Extraktion

ddNTP: Abkürzung für Didesoxynukleosidtriphosphate; bezeichnet zusammenfassend die vier Nukleotide A, C, G und T, denen die Hydroxylgruppe in der 3'-Position des Zuckers fehlt

Denaturierung: Dissoziierung eines DNA-Doppelstranges in zwei Einzelstränge durch Aufspalten der Wasserstoffbrückenbindungen (durch Hitze oder Alkali) zwischen den komplementären Basenpaaren

DEPC: Diethylpyrocarbonat; Chemikalie, die beim Arbeiten mit RNA störende RNasen inaktiviert

DNA: Desoxyribonukleinsäure; Molekül, das die genetische Erbinformation trägt

DNA-Doppelhelix: „Modell" der DNA, bestehend aus zwei antiparallel verlaufenden Nukleotidsträngen, die wie eine Spirale schraubig ineinander verdreht sind

DNasen: Desoxyribonukleasen; Enzyme, die DNA abbauen

dNTP: Abkürzung für Desoxyribonukleosidtriphosphate; bezeichnet zusammenfassend die vier Nukleotide A, C, G und T

Elektrophoresen: Trennung eines Stoffgemisches auf Grund unterschiedlicher Wanderungsgeschwindigkeiten der Stoffe in einem elektrischen Feld

Elongation (Kettenverlängerung)**:** Neusynthese eines DNA-Abschnittes durch eine Polymerase während der natürlichen Replikation oder während der PCR

Endonukleasen: Enzyme, die Nukleinsäuren innerhalb des Moleküls spalten

Enhancer: Sequenzen auf der DNA, die eine Verstärkung der Genexpression bewirken

EST: expressed sequence tags; kurze bekannte Sequenzabschnitte einer cDNA

Ethidiumbromid: Stoff, der an Nukleinsäuren bindet und unter UV-Licht fluoresziert

Eukaryont: Organismus, der einen Membran umhüllten Zellkern besitzt

Exonukleasen: Enzyme, die Nukleinsäuren von den freien Enden her abbauen

Exon: Genabschnitt, der codierende Sequenzen trägt

Expression: Umsetzung genetischer Informationen in entsprechende Genprodukte (Proteine)

Folgestrang: DNA-Strang, der während der Replikation aufgrund der 5' → 3'-Syntheserichtung der DNA-Polymerasen diskontinuierlich in kürzeren Stücken (Okazaki-Fragmenten) synthetisiert wird

GC-Gehalt: Prozentualer Anteil an Guanin und Cytosin in einer DNA; bestimmt die Schmelztemperatur der DNA

Gen: DNA-Abschnitt (bei bestimmten Viren auch RNA-Abschnitt), der die Information für ein funktionsfähiges RNA- und/oder Proteinmolekül trägt

Genom: Gesamtzahl der Gene eines Organismus

Genomics: Untersuchung der Gene und ihrer Funktionen

genomische DNA-Bank (Genbank, DNA-Bibliothek): Gesamtheit aller DNA-Sequenzen (codierende und nicht-codierende) eines Organismus, die als Fragmente in einen Klonierungsvektor eingebaut worden sind

Helikasen: Enzyme, die bei der Replikation der DNA die Wasserstoffbrückenbindungen zwischen den komplementären Basenpaaren lösen

Hexamere: Oligonukleotide mit einer Länge von 6 bp

Homologie: Übereinstimmung; homologe Gene von zwei verschiedenen Organismen stammen von demselben Ursprungsgen ab und besitzen sehr ähnliche, z. T. auch identische Nukleinsäuresequenzen

Histone: Proteine, aus denen sich ein Nucleosom zusammensetzt

Hybridisierung: Zusammenlagern von zwei DNA-Einzelsträngen (auch unterschiedlicher Herkunft) zu einem Doppelstrang

in vitro: Untersuchungen im Reagenzglas, d. h. außerhalb der Zelle oder des Körpers

in vivo: Untersuchungen in Zellen oder am Körper eines lebenden Organismus

Insert: DNA-Molekül, das zur Klonierung in einen Vektor eingefügt wird

Interphase: Zeitraum zwischen zwei Mitosen bestehend aus G1-Phase, S-Phase und G2-Phase

Intron: Genabschnitt, der nicht-codierende Sequenzen trägt

Isoschizomere: Restriktionsenzyme, die unterschiedlichen Organismen entstammen, aber dennoch die gleichen Erkennungssequenzen besitzen und an diesen das Nukleinsäure-Molekül in gleicher Weise schneiden

kb: Kilobase, 1 kb entspricht 1000 Nukleotiden

Klon: Gruppe genetisch identischer Organismen gemeinsamer Abstammung

Klonieren: Vermehrung einer DNA-Sequenz in einer geeigneten Wirtszelle, nach Einbau in einen Klonierungsvektor

Korrekturlesen (proofreading): Vorgang, bei dem die DNA-Polymerase (auf Grund ihrer eigenen 3'→5'-Exonukleaseaktivität) während der DNA-Replikation falsch eingebaute Basen erkennt, wieder entfernt und durch korrekte ersetzt

Leitstrang: DNA-Strang, der während der Replikation kontinuierlich in 5'→3'-Richtung synthetisiert wird

Ligase: Enzym, das Phosphodiesterbindungen knüpft und damit zwei oder mehrere DNA- oder RNA-Moleküle miteinander verbinden kann

Ligation: Vorgang, bei dem die Ligase zwei oder mehrere DNA- oder RNA-Moleküle miteinander verknüpft

Linker: Kurzes, doppelsträngiges, künstlich hergestelltes Oligonukleotid mit bekannter Sequenz

Lyse, lysieren: Auflösung von Zellen nach Zerstörung der Zellmembran

Microarray (Gen-Chip): Trägersubstanz, auf dem bestimmte Moleküle (z.B. Nukleinsäuren, Peptide oder Proteine) in hoher Dichte und in geregelten Abständen aufgebracht worden ist

Mikrosatelliten: Sehr kurze DNA-Sequenzabschnitte (etwa 2 bis 6 Nukleotide lang), die sich mehrfach hintereinander wiederholen (z.B. CAGCAGCAGCAGCAGCAG)

Minisatelliten: Kurze DNA-Sequenzabschnitte (etwa 10 bis 100 Nukleotide lang), die sich mehrfach hintereinander wiederholen

Mitose: Zellteilung (mit den Phasen Pro-, Meta-, Ana- und Telophase); die beiden Chromatiden eines Chromosoms werden getrennt und auf die Tochterzellen verteilt

mRNA: Messenger RNA; „Abschrift" der DNA bei der Transkription im Zellkern

Multiple Klonierungsstelle (MKS): Abschnitt in einem Klonierungsvektor, der Schnittstellen für verschiedene Restriktionsendonukleasen enthält und an dem DNA-Fragmente eingefügt werden

Nick: Einzelstrangbruch in einem doppelsträngigen DNA-Molekül

Northern Blot: Transfer von RNA von einem Agarosegel auf eine Membran

Nucleosom: Proteinpartikel, um den die DNA herumgewickelt ist

Nukleasen: Enzyme, die Nukleinsäuren schneiden, verkürzen oder abbauen, indem sie Phosphodiesterbindungen spalten

Nukleotide: Bausteine der Nukleinsäuren, bestehen aus einem Zucker, einer Phosphatgruppe und einer Base

OD: optische Dichte; Absorption einer Substanz im Photometer bei einer bestimmten Wellenlänge

offenes Leseraster (open reading frame, orf): Genabschnitt mit Start- und Stopp-Codons (bilden einen „Rahmen"), dessen Information während der Proteinbiosynthese abgelesen wird und der ein funktionsfähiges Polypeptid codiert

Okazaki-Fragmente: Teilstücke replizierter DNA des Folgestranges

Oligonukleotid: Künstlich hergestelltes DNA-Molekül mit bekannter Sequenz, das aus wenigen (etwa 10 bis 30) Nukleotiden besteht

Operator: Regulatorischer Sequenzabschnitt der DNA, der über die Bindung bestimmter Proteine die Transkription beeinflussen kann

Operon: Einheit im Genom von Bakterien, die aus Promotor, Operator und mehreren Genen besteht. Die Gene eines Operons werden gemeinsam reguliert

ori: origin of replication; Replikationsstartpunkt, der es einem DNA-Molekül erlaubt, sich als eigenständige Einheit in einer Zelle zu vermehren

PCR: polymerase chain reaction, Polymerasekettenreaktion; Verfahren zur künstlichen Vermehrung eines DNA-Abschnittes

Pellet: In der Molekularbiologie Bezeichnung für den erhaltenen DNA-Niederschlag im Reaktionsgefäß nach Ausfällung der DNA aus einer Lösung und anschließender Zentrifugation

Plaque: „Loch" in einem Bakterienrasen nach Auflösung der Bakterienzellen durch infektiöse Phagenpartikel

Plasmid: Kleines, ringförmiges DNA-Molekül, das in Bakterienzellen zusätzlich zur eigenen chromosomalen DNA vorkommt

Poly-A-Schwanz: Stück aus bis zu 200 Adenin-Nukleotiden am 3'-Ende einer mRNA

Polyadenylierung: Anhängen der Adenin-Nukleotide an das 3'-Ende einer mRNA im Laufe der Reifung der mRNA

Polylinker: siehe Multiple Klonierungsstelle

Polymerase: Enzym, das DNA oder RNA kopiert

Polysom: Verband aus mehreren Ribosomen

Primer: Kurzes Nukleinsäurestück, das während der Replikation bzw. bei einer PCR als Starthilfe für die Polymerase dient

Prokaryont: Organismus ohne echten Zellkern

Promotor: Nukleotidsequenz auf der DNA, markiert den Startpunkt für die Transkription eines Gens

proofreading: siehe Korrekturlesen

Proteomics: Untersuchung der Proteine, ihrer Strukturen und Funktionen

Purine: Stickstoffhaltige Ringstrukturen (aus einem Fünfer- und Sechser-Ring), zu denen die Basen Adenin und Guanin gehören

Pyrimidine: Stickstoffhaltige Ringstrukturen (aus einem Sechser-Ring), zu denen die Basen Cytosin, Thymin und Uracil gehören

RAPD: random amplified polymorphic DNA; PCR-basierte Methode zur Erzeugung genetischer Fingerabdrücke mit Hilfe kurzer Zufallsprimer

Rekombinante DNA: DNA-Molekül, das durch das künstliche Zusammenfügen von DNA-Fragmenten aus verschiedenen Quellen entstanden ist

Rekombination: Vorgang des Austausches von DNA-Sequenzen aus verschiedenen Quellen

Renaturierung: Rückbildung eines DNA-Doppelstranges aus zwei gleichen DNA-Einzelsträngen (gegenläufiger Polarität), die zuvor voneinander getrennt worden sind (siehe auch Denaturierung und Hybridisierung)

Replikation: Vorgang der Verdoppelung bzw. des Kopierens der DNA

Replikationsblasen: Stellen auf dem DNA-Doppelstrang, die während der Replikation entschraubt sind

Replikationsgabel: Stelle, an der die Helikase zu Beginn der DNA-Replikation die Doppelhelix in zwei Einzelstränge spaltet

Repressor: Protein, das die Transkription eines Gens verhindert

Restriktionsenzym: Enzym, das ein DNA-Molekül an einer spezifischen Erkennungssequenz schneidet

Reverse Transkriptase: Enzym, das mRNA in doppelsträngige cDNA umschreibt

Ribosom: Zellorganelle im Cytoplasma; Ort der Translation

RNA: Ribonukleinsäure; enthält im Unterschied zur DNA die Base Uracil statt Thymin und ist meist einzelsträngig

RNasen: Ribonukleasen; Enzyme, die RNA abbauen

rRNA: ribosomale RNA; Bestandteil der Ribosomen

Schmelztemperatur T_m: Temperatur, bei der die Hälfte der untersuchten DNA einzelsträngig vorliegt; abhängig von dem GC-Gehalt der DNA

SDS: Sodiumdodecylsulfat; Detergenz zur Trennung von DNA und Proteinen bei der DNA-Extraktion

Silencer: DNA-Elemente, die eine Herabsetzung der Genexpression bewirken

Sonde: Einzelsträngiges, markiertes DNA- oder RNA-Molekül mit bekannter Sequenz, das zum Nachweis spezifischer Sequenzen in einer Proben-DNA oder -RNA eingesetzt wird. Die Basensequenz der Sonde ist komplementär zu einem gesuchten Teilstück des Einzelstranges der Probe und hybridisiert mit diesem.

Southern Blot: Transfer von DNA von einem Agarosegel auf eine Membran

Spleißen, Splicing: Herausschneiden der Introns aus der prä-mRNA während der mRNA-Reifung

STRs: short tandem repeats (siehe Mikrosatelliten)

Telomer: Enden eines Chromosoms

Template: DNA-Strang, der als Vorlage (Matrize) für diverse molekularbiologische Experimente (z. B. PCR, Restriktionsverdau) dient

Titer: Anzahl an Bakterien bzw. Phagen je ml Kulturmedium

Topoisomerasen: Enzyme, die während der DNA-Replikation an der Entwindung der DNA-Doppelstränge beteiligt sind

Transformation: Einbringen von DNA in lebende Zellen

Transkription: Übersetzung einer DNA-Sequenz in mRNA

Transkriptionseinheit: DNA-Abschnitt zwischen Anfangs- und Endpunkt der Transkription

Translation: Übersetzung der Basensequenz der mRNA in die Aminosäuresequenz eines Proteins

Triplett: Eine Kombination von drei Basen auf der DNA bzw. RNA

tRNA: transfer RNA; Trägermolekül für eine Aminosäure bei der Translation

U: Unit, Maßeinheit für die Enzymaktivität

Vektor: Nukleinsäure-Molekül, das in der Lage ist, fremde DNA aufzunehmen und in andere Zellen einzuschleusen

VNTRs: variable number of tandem repeats (siehe Mikrosatelliten)

Western Blot: Transfer von Proteinen von einem Gel auf eine Membran

Wobble: Freiheit in der Wahl der dritten Base des Codons, da der genetische Code degeneriert ist: Die Base an der dritten Codonposition (der Wobble-Position) kann unterschiedlich ausfallen, die verschiedenen Codons codieren aber dennoch für dieselbe Aminosäure

YAC: yeast artificial chromosome; künstliche Hefechromosomen, Klonierungsvektor mit den Elementen eines Hefechromosoms für die Klonierung von sehr großen DNA-Abschnitten

Zellzyklus: Abfolge der vier Phasen Mitose, G1-Phase, S-Phase und G2-Phase

Stichwortverzeichnis

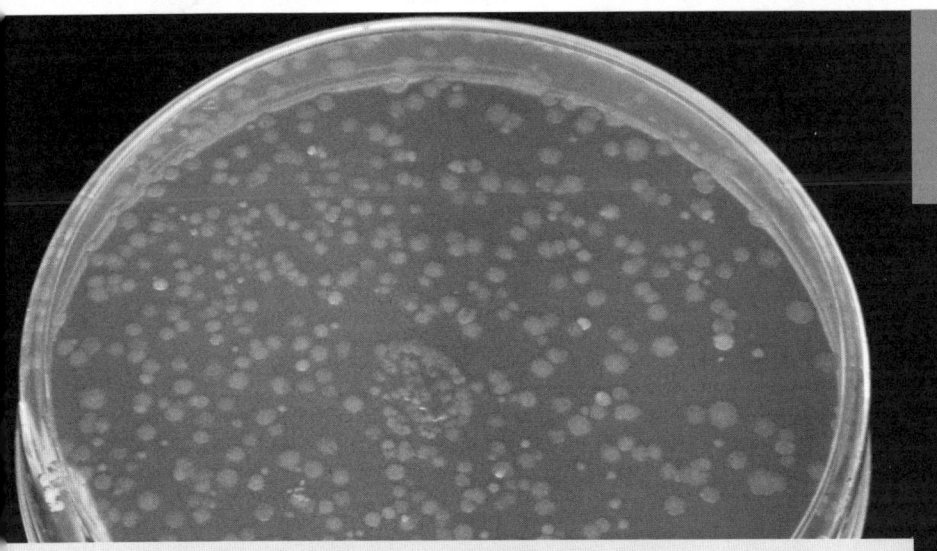